理想·宅 ——

编

灵动空间·完美收纳
家居杂乱空间
隐身术

SMART SPACE
PERFECT RECEIPT

HOME CLUTTER SPACE
INVISIBILITY

U0246555

中国电力出版社
CHINA ELECTRIC POWER PRESS

内 容 提 要

本书从最基本的收纳需求出发，从硬装到软装，再结合空间利用、家具设计、收纳技巧，全方位地解析各个功能分区里的收纳要点。并以图表速查的形式展示，令读者对不同空间的收纳关键点一目了然。同时，本书还收录了国内一线设计师的实景案例图片，并配以专业的空间利用分析和收纳建议，帮助读者轻松构建整洁的家。因此，本书不仅是一本收纳书，还是一本很好的装修参考书，帮助读者从源头解决收纳问题。

图书在版编目（CIP）数据

灵动空间 完美收纳：家居杂乱空间隐身术 / 理想·宅编 . — 北京 : 中国电力出版社，2018.8
ISBN 978-7-5198-2300-9

Ⅰ.①灵…　Ⅱ.①理…　Ⅲ.①家庭生活 – 基本知识　Ⅳ.① TS976.3

中国版本图书馆 CIP 数据核字（2018）第 174775 号

出版发行：中国电力出版社
地　　址：北京市东城区北京站西街 19 号（邮政编码 100005）
网　　址：http://www.cepp.sgcc.com.cn
责任编辑：乐　苑（010 - 63412380）
责任校对：黄　蓓　朱丽芳
责任印制：杨晓东

印　　刷：北京盛通印刷股份有限公司
版　　次：2018 年 9 月第一版
印　　次：2018 年 9 月第一次印刷
开　　本：700 毫米 ×1000 毫米　16 开本
印　　张：13
字　　数：300 千字
定　　价：68.00 元

PREFACE

前言

很多人每天生活忙忙碌碌，家里到处是没时间整理的物品；就算下决心整理，没过多久也会立刻变乱。很多人习惯性地认为，家里凌乱是因为自己不善于收拾，从而将责任归结于自己的家务能力和性格原因。实际上，物品的收纳没有做好，主要还是房子的室内布局和收纳方法存在问题。只要根据收纳需求规划硬装设计和软装布置，让"杂乱空间完全隐身"这一目标是可以实现的。

本书紧紧抓住家人的生活动线、界面设计、空间布置三个设计法宝，摒弃夸张且毫无使用价值的设计法，从设计之初就把收纳考虑进去，硬装 + 软装结合使用，详细展示优化户型格局的方法，根据动线给锅碗瓢盆、衣物鞋帽找到合适的收纳位置。同时，本书帮助读者从源头规划空间设计，让每个人都拥有超强的"杂物隐身"能力。另外，本书还网罗了方便实用的收纳工具和不可不知的收纳技巧，帮助读者一次设计出使用一辈子的空间方案。

参与本书编写的人员包括李小丽、王军、李子奇、于兆山、蔡志宏、刘彦萍、张志贵、叶萍、刘杰、李四磊、孙银青、肖冠军、王勇、梁越、安平、马禾午、谢永亮、李广、黄肖、邓毅丰、孙盼、张娟、李峰、余素云、周彦、邓丽娜、杨柳、穆佳宏、张蕾、刘团团、陈思彤、赵莉娟、祝新云、潘振伟、王效孟、赵芳节、王庶、王力宇。

限于作者自身水平，在编写过程中难免会出现一些纰漏，希望大家多提宝贵意见。

编者

目录

CONTENTS

CHAPTER 4

第四章
空间魔术师，
规划出住一辈子的设计

CHAPTER 5

第五章
令杂乱空间隐身的人气案例

CHAPTER 1

第一章 造就舒适空间的三大步骤

想拥有整洁、舒适的家居环境，

并处理好家里的物品数量和收纳

空间之间的关系，

首先要了解一下打造舒适空间的

基本步骤。

步骤 **1**

依照客户需求打破空间格局

在传统的室内设计中，设计师往往更多关注的是墙、地、顶三围一体的装饰与美化，而忽略了室内空间的使用功能，以及人们对空间使用的需求。随着时代的进步，以及对住宅室内设计长时间的实践与认识，人们逐步意识到住宅室内设计并不只限于三围的装饰，对原有建筑空间的重新分割与划分，是满足人们生活和收纳的需求的第一层次。

1. 打破空间格局的方法

在进行最初的空间规划和户型调整时，设计师需要对居住人群、年龄阶段、职业、生活习惯、日常的收纳需求，以及未来一段时间对于居住的设想都进行详细的了解，根据具体需求，对该空间做出相应的调整，居住者的生活模式将决定住宅空间的划分及动线设计。一般有两种方法对原户型进行调整。

（1）对原有建筑结构布局进行调整。

对于空间中非承重墙体可以适当拆除，然后根据空间规划重新砌筑新的墙体，合理组织房间、通道、门口之间的空间关系，形成良好的居住空间功能利用与动线划分。

（2）利用家具的围合与间隔对空间进行适当的划分。

如果墙的功能只是为了界定空间，就可以采用屏风、玻璃、布帘或收纳型的家具等弹性隔断进行分隔，创造出让人穿梭自如的趣味感，同时也方便日后空间功能的变化。

以下图为例，设计师利用了通透和隐身的手法扩大了空间感。

1. 入户门厅过大，比较浪费空间

2. 餐厅处于过道处，令就餐不够舒适。门厅和客厅之间没有间隔，容易产生一览无余的感受，缺乏隐私性

3. 墙体分隔太过复杂，令行走动线不通畅

4. 厨房空间过小而且离餐厅较远，令家务动线更加烦琐

1. 改造后采用实体墙隔出一个客卫，令功能空间高效利用

2. 改造后将此空间规划成过道，并采用收纳型的柜子作为隔断，使空间动线通畅的同时增加储物空间

3. 拆除不必要的墙体和门，让人行走更加通畅无阻

4. 改造后把厨房和餐厅放在一条行走动线上，而且餐厅有了更多的储物空间

OK
解决

2. 容易出现的格局缺陷

过道面积过于浪费： 接近客厅面积 1/4 至 1/5 的区域都被长长的过道占去。如进厨房要穿过客厅，进主卧要穿过客厅，客厅变成公共走廊，而且非常浪费面积。

餐厅采光不理想： 餐厅采光较远，不利于营造舒适的就餐环境。

卫浴间无采光： 虽然做到了次卫干湿分离，但公共卫浴间洁具摆放不合理。主卫、次卫均为黑房，通风采光不良。

厨房到餐厅动线不理想： 厨房与餐厅距离较远，使室内动线过长。

无独立储藏空间： 大面积的户型内，没有独立的储藏空间，没有考虑户型的实用性。

P^{OINT} 设计 关键点

1. 承重墙不能随意拆改

承重墙是指支撑着上部楼层重量的墙体，在工程图上为黑色墙体。一般来说，在砖混结构的建筑物中，凡是预制板墙，或是厚度超过 24cm 以上的砖墙，都属于承重墙，而那些敲起来有空声的墙壁，大多属于非承重墙。在装修中，非承重墙可以根据业主的设计需要进行拆改，而承重墙则不能拆改。另外，也不能在承重墙上开门开窗，因为这样会破坏墙体的承重能力，有可能出现本层顶棚及上层墙体变形开裂的情况，严重时会导致房屋倒塌。

2. 配重墙不能拆改

墙体分为承重墙、配重墙、填充墙三种。一般我们可以通过敲击听声音做简单的判断：敲击声音发空就是填充墙，是为了打造房屋格局而建的，需要时可以拆除；敲击声音沉闷的是承重墙，不可拆除。

配重墙一般在房间和阳台之间，一般有一门一窗，起分隔作用，窗户下面的矮墙就是配重墙，这种墙一般不拆除。因为配重墙像秤砣一样起着挑起阳台的作用，拆改这堵墙，会使阳台承重力下降，导致阳台下坠。

3. 注意考虑改造电路管线

在拆改之前，也要对电路的改造方法详细考虑。一般墙体中都带有电路管线，要注意不要野蛮施工，弄断电路。而且，电路的改造是工程造价中一项很大的支出，如果不想多花冤枉钱，就一定要提前规划好。

浪费面积

步骤 2

动线和收纳巧结合，提升居住舒适感

　　"整理来整理去家里还是一片凌乱""家里东西太多，根本没地方放"，很多人都存在这样的困扰。但面对家中杂乱不堪的物品，人们总是习惯性地认为家里凌乱是因为自己不善于收拾，从而将责任归结于自己的家务能力和性格原因。实际上物品的收纳没有做好，主要还是房子的室内布局和收纳方法存在问题。只要在最开始的时候严格按照动线设计收纳空间，"杂乱空间完全隐身"这一目标是可以实现的。

1.依行走动线指定物品的收纳位置

　　收纳的第一原则就是选择正确的位置，这是指所用物品在它的常用位置处就已经规划好相应的存储位置，这个问题解决好，在家务和房间的整理上时效就会提升。比如，如果将帽子或手套放在玄关处，这样出门时就不必到处寻找。想要放回时，也容易找到应放的位置。这样空间就不会因为杂物太多而凌乱不堪。但这需要依照家人的生活习惯去做规划，一旦确定好物品的指定收纳空间，就不要轻易地变动，并请家人共同遵守。

POINT
设计 关键点

　　规划收纳空间时，除了固定收纳空间外，还需要给正在使用的，而且会继续使用的物品一个暂时性的收纳空间，例如遥控器、还要继续穿的外套等，这样收纳就会更加周全。

收纳对照单

将下表"习惯"栏中填入 A~E 五种处理方式，从而自行了解平时的生活习惯。并思考这些物品应该放在哪里会比较方便。

A. 经常置之不顾　B. 经常询问家人物品放在哪　C. 感觉物品放置位置太远
D. 感觉拿出去麻烦　E. 经常忘记物品放在哪里

	物品	习惯	正确位置		物品	习惯	正确位置
1	帽子和手套			16	家用工具箱		
2	出门穿的外套			17	家用药品		
3	抽纸、卫生纸			18	熨斗、挂烫机		
4	备用纸袋、垃圾袋			19	收音机、相机		
5	储备零食			20	桌子、餐具		
6	洗漱用品、化妆品			21	调料、碟子		
7	买多了的日用品			22	桌布、餐桌垫		
8	病历单、发票			23	存储食品		
9	指甲刀、挖耳勺、体温计			24	不需穿的鞋子		
10	家庭主妇用的文具、笔记本			25	换季衣物、四件套		
11	家用电器盒子、保修卡			26	储备棉被、夏凉被		
12	家庭用书			27	应季用的暖风机、电风扇		
13	孩子用书			28	体育器材		
14	孩子玩具			29	不需用的毯子		
15	纪念册、照片						

上表"习惯"一栏中对应填入 A、B、E 三种结果的物品，一般是由于没有固定存放位置所导致的问题。想要不再出现将物品随意放置，空间太杂乱或经常忘记物品放在哪里的情况，就需要确定一个存放位置。而一旦确定下来就不要轻易更改。对应填入 C、D 两种结果的物品，主要原因就是相关位置不具备收纳功能。这时候就要尝试缩短动线，并重新规划收纳位置。

2. 对象一定要收纳在其经常使用的空间

收纳物品时不仅要考虑对象的形体和数量，更要注意其所在空间，这样使用起来才会更加方便。而且将对象收纳在各个空间，整理起来也会比较省事。以下面图为例，黄色区域为收纳空间，在每个空间的行动路线处都有相应的收纳空间，相应的收纳空间可放置该空间经常用到的物品。

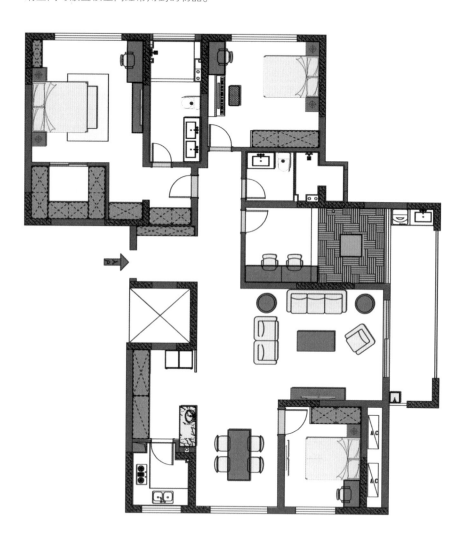

3. 小户型收纳占地 12%

对于 100 平方米以下的小户型，建议收纳区域的占地面积宜为房屋套内面积的 12%。而且房间越小，收纳比例应该越大，这样才能满足日常生活的收纳需求。

以下图为例。黄色标示的为空间的收纳区域，把所有的收纳区域像拼图一样，整齐地拼凑在一起，放置在户型图上，就能目测到收纳区域占整体户型的比例。

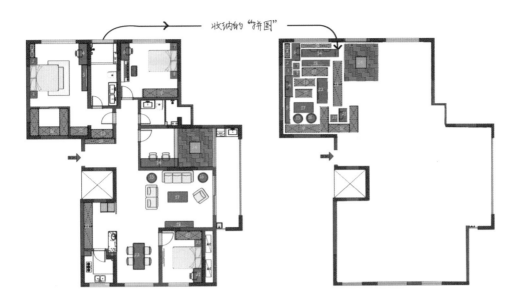

收纳的"拼图"

4. 立体集成不占空间

　　小户型的收纳占地越多，并不意味着所需的柜子越多。很多人搬进新家，发现东西越来越多，就随便从家具城买所需的柜子，久而久之，柜子越来越多，收纳面积看似增多，可空间也更显拥挤。解决办法是应该从房子设计之初就根据动线和收纳需求，在尽量小的占地面积中，拓展出尽量大的容量。如采用到顶的衣柜，整面墙的嵌入式柜子等。

步骤 **3**

从了解物品尺寸开始细部规划收纳家具

"房间的物品越来越多，杂乱地堆在一起，找一件物品通常会把其他物品弄乱，还需要重新收拾"，很多人有这种压力。一些不必要的物品，可以考虑丢掉。还可以从提升空间的收纳量上想办法。

1. 提升收纳密度

收纳空间不足的房间比比皆是，但收纳空间无端浪费的情形却依然很常见。要在有限的空间内增加收纳量，首先要根据物品的尺寸细部分割收纳家具。如增加搁板或设置收纳箱等，这样一来，物品的收纳容量就会翻一番。

以下图为例，制作1800mm×350mm的收纳空间时，如果地板到房顶的高度有2400mm时，那200mm高的搁板就可以放置12层。也就是说，在家里设置2个这样的地方，收纳空间就等于8个榻榻米的大小。另外，空间底部和顶部可设置活动层板，方便存放大件物品。

√ 柜体细部分割，收纳功能强大，整体感强   × 柜体分隔较松散，收纳功能减弱

2. 根据需求和物品尺寸规划收纳空间

想要空间更加符合业主需求，就需要根据具体的需求和物品的尺寸细部规划收纳柜内部，才能在日后用起来更加方便、舒适。以下图三口之家的入户区鞋柜为例。

当季鞋柜：一双成人鞋高在 150mm 左右，宽 240mm 左右。当季每人 3 双换洗鞋，1 双拖鞋 +3 双客拖 + 鞋刷收纳盒 + 靴子位置。面积在 1m² 左右。

换季鞋柜：宽 1000mm，深 300~350mm，总高度 600mm，内部高度可根据具体鞋子尺寸调整。

中间区域：可悬挂出门用的外套、雨伞、帽子、围巾等物件。

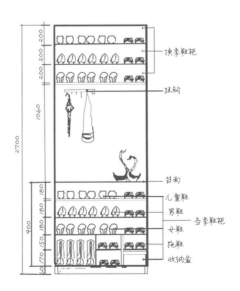

CHAPTER 2

第二章 动线令生活更便利

居住动线不交叉，活动更高效

　　室内空间的动线是指人们在住宅中的活动线路，它根据人的行为习惯和生活方式把空间组织起来。室内空间的动线会直接影响居住者的生活方式，合理的动线设计符合日常的生活习惯，可以让进到房间的人在移动时感到舒服，并且，动线应尽可能地简洁，从一点到另一点，要避免费时低效的活动。通常不合理的动线会很长、很绕，往往需要原路返回或交叉，不仅浪费空间，还会影响其他家庭成员的活动。

好的行动路线

　　以下面的户型图为例，将平时主要的几条活动路线用红色的线画出来。如果画出来的线存在很多重复、交叉的地方，或者干脆扭成一团，这就说明居住动线设计不合理。

早上起床去上班的路线：起床—穿衣—上厕所—洗漱—吃早餐—换鞋—出门。

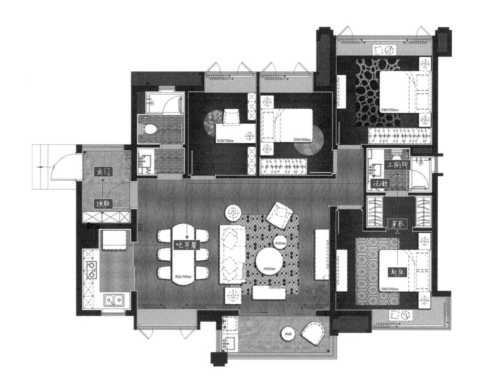

比如，下班买菜回家做饭的路线，进门-换鞋-洗切炒-上菜-吃饭-清洗。

比如，洗衣的路线：整理-洗衣-晾晒。

Point 设计 关键点

动线的选择要注意以下3点：（1）动线交叉少；（2）步数尽量少；（3）每一步的距离尽量短。合理的动线会大大提高居住的舒适度和空间的整洁度，在购房前了解户型和动线尤为重要。其实，最初选择怎样的户型，就决定了将来会拥有怎样的动线，后期的装修只能对动线做简单的调整，想要大范围更改，肯定劳民伤财。因此，在设计之初就将后期的装修一并考虑进去，才更有可能提升未来居住者家庭生活的幸福感。

动静分离，休息娱乐两不误

　　室内空间的动线可以分为主动线和次动线。主动线是所有的功能区的行走路线，比如从客厅到厨房、从大门到客厅、从客厅到卧室，也就是在房子里常走的路线。而次动线则是在各功能区内部活动的路线，比如在厨房内部，在卧室内部，在书房内部等常走的路线。一般主动线包括家务动线、居住动线、访客动线，代表着不同角色的家庭成员在同一空间不同时间下的行动路线，也是室内空间的主要设计对象。其中，家务动线和访客动线都属于动区，居住动线属于静区，动静分区，才能方便娱乐和休闲。

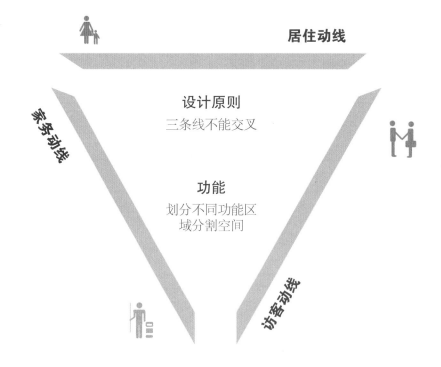

居住动线

家务动线

访客动线

设计原则
三条线不能交叉

功能
划分不同功能区
域分割空间

1. 三条主动线解析

(1) 家务动线。

家务动线是在家务劳动中形成的移动路线，一般包括做饭、洗晒衣物和打扫，涉及的空间主要集中在厨房、卫浴间和生活阳台。家务动线在三条动线中用得最多，也最烦琐，一定要注意顺序的合理安排，设计要尽量简洁，否则会让家务劳动的过程变得更辛苦。

(2) 居住动线。

居住动线就是家庭成员日常移动的路线，主要涉及书房、衣帽间、卧室、卫浴间等，要尽量便利、私密。即使家里有客人在，家庭成员也能很自在地在自己的空间活动。大多数户型的阳台，需要通过客厅到达，家庭成员在家时也会时常出入客厅，访客来访同样会在客厅形成动线，因此，不要把客厅放在房子的主动线轨迹上。

(3) 访客动线。

访客动线就是客人的活动路线，主要涉及门厅、客厅、餐厅、公共卫浴间等区域，要尽量避免与家庭成员的休息空间相交，影响他人工作或休息。

居住动线　　访客动线　　家务动线

2.动线的分区方式

（1）动静分区。

动区包括客厅、餐厅、厨房、次卫等；静区包括卧室、书房、主卫等。

动区是人们活动较为频繁的区域，应该靠近入户门设置，尤其是厨房；而静区主要供居住者休息，相对比较安静，应当尽量布置在户型内侧。两者分离，一方面使会客、娱乐或者进行家务的人能够放心活动，另一方面也不会过多打扰休息、学习的人，减少相互之间的干扰。一般动静分区合理的户型卧室布置在户型深侧，距离入户门较远。

以下图为例，三房户型整体动静分区明显，访客动线基本不打扰家务动线和居住动线。公共卫浴间设置在客厅与次卧之间的过渡位置，无论从客厅还是次卧均可非常方便地到达。特别是晚上老人和小孩使用卫浴间时，方便在卧室门口就能到达，避免了动线过长老人、小孩晚上上洗手间而影响他人休息，同时也提高了安全性。

（2）公私分区。

户型具有私密性的要求，能够适当保护居住者的隐私。户型的私密性主要需做到两点：首先在入户门外向室内望去时，玄关处应当有所遮挡，避免站在门外就能对屋内一览无余；其次是户型内部客厅、餐厅等公共活动空间与卧室等较为私密的空间之间有视觉上的遮挡，避免在公共空间就能对私密空间一览无余，做到一定程度的"公私分区"。

↑厨房和餐厅处设计了半隔断的吧台，有效地遮挡了厨房的凌乱

紧凑动线设计，让家务活变轻松

从厨房到餐厅上菜，路线长得经常把油点淋在地板上；洗完衣服挂晾时，主妇需要端着一盆重重的衣服穿过整个家……这些都是家务动线设计得不合理导致的。家务动线是贯穿一切家务活动的线路，就是我们所熟悉的买菜、做饭、洗衣、打扫卫生这些常规家务。良好的家务动线能够让生活变得更加舒适。

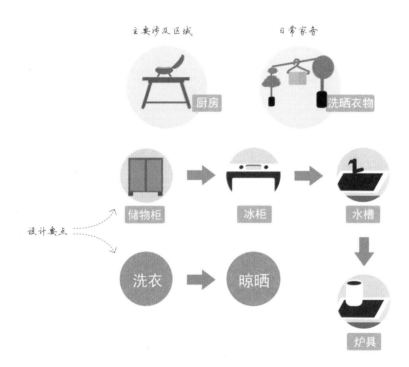

1. 厨房的动线。

（1）厨房烹饪流程

　　厨房里的布局是顺着食品的贮存和准备、清洗和烹调这一操作过程安排的，应沿着三项主要设备即炉灶、冰箱和洗涤池组成一个三角形。因为这三个功能通常要互相配合，所以要安置在最合宜的距离，以节省时间和人力。这三边之和以 3.6~6m 为宜，过长和过小都会影响操作。

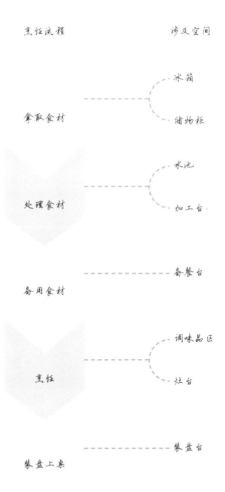

工作三角

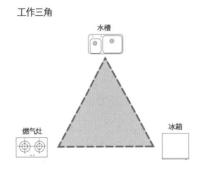

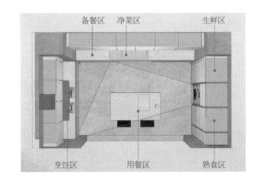

（2）不同户型厨房的动线设计。

▶一字形厨房。对于狭长型的厨房，一般紧靠一面墙来布局，即"一字形"，厨房的动线排成一条直线，缺乏围合式的灵活性。这种布局设施排列简单，但即便如此，顺序不当还是会造成使用不便，运动量大大增加。比如，冰箱与水池分置"一字形"的两端，取食材清洗时需要跨越整个厨房，会令原本简单的动线变得非常复杂。

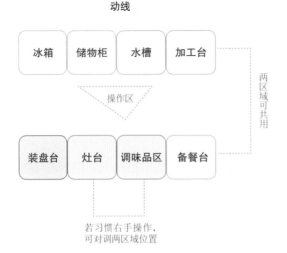

▶二字形厨房。正方形的厨房适合布局成二字形，一般紧贴两侧墙壁布局，这种布局往往可以通往生活阳台，相比一字形，缩短了各功能区的直线距离，灵活性也增强不少。若厨房可直达阳台，则布局时要将阳台考虑在内；若阳台上存放部分食材，则水池和操作台应布置在靠近阳台的地方。若厨房没有连接阳台而是一面墙，这面墙如果不加以利用也会造成浪费，这种情况下，选择 U 形布局，则利用率会更高。

▶ **L 形厨房**。以墙角为原点，双向展开成 L 形，工作中心是一个紧凑的三角形区域，这种布局很实用，同时所占空间并不大。L 形厨房在布局上可以将灶具、烤箱等安排在一条轴线上，而冰箱和水槽安排在另一条轴线上。另外，转角处空间的利用也很重要。

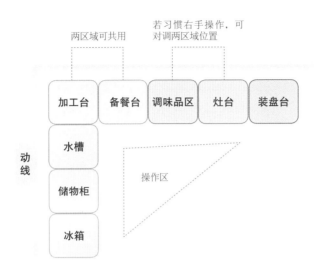

▶ **U 形厨房**。U 形布局可以体验到围合式给厨房带来的高效性，功能区环绕三面墙布置，可放置更多的厨房电器，从而节省很多行走的步数。U 形布局的冰箱、水池和灶台形成一个正三角，烹饪起来非常方便，可以在转角处使用旋转型抽屉，也可以在转角台面上摆放置物架等以提高利用率。但要注意，U 形布局对厨房的空间大小有要求，且相对的柜子保持约 1.2m 的距离才合理。

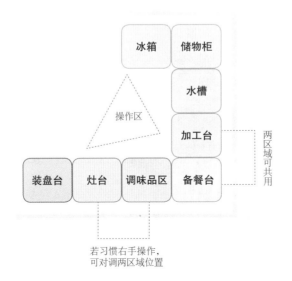

▶**岛形厨房**。在较为开阔的 U 形或 L 形厨房的中央，设置一个独立的灶台或餐台，四周预留可供人行走的走道空间。在中央独立型的厨柜上可单独设置一些其他设施，如灶台、水槽、烤箱等，也可将岛形橱柜直接作为餐台使用。

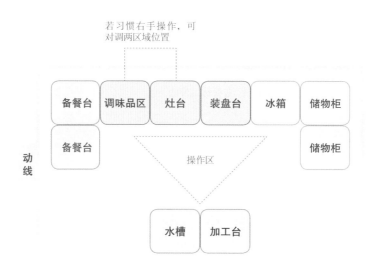

2.洗晒衣物、打扫动线

（1）洗晒衣物动线。

洗衣机的摆放直接决定了洗衣动线的长短。洗衣机一般放在浴室，但这对浴室的大小和干湿分离有一定的要求，对于只有三四平米的卫浴间来说，最好把洗衣机放到生活阳台，以免阻碍卫浴间内部的行走路线。如果家里没有生活阳台，就只能将洗衣机放到景观阳台上，这样的话在晾晒衣物时就需要穿过客厅等休闲区域，对正在看电视的人会有一定干扰。

（2）打扫动线。

如果是对水需求较大的拖把，与洗衣机一起放在生活阳台上，会是个比较好的选择，将要洗的衣物拿到阳台上，在等待衣物清洗的过程中，随手拿起旁边的拖把打扫房子，打扫完再回到阳台，这时衣物也洗得差不多了。

以下图为例，打扫、洗晒衣物的动线在一起，动线流畅，非常省时间。

CHAPTER 3

第三章 家居界面的百变机关

放开墙面，狭小空间更自由

　　墙面利用是为了解决地面空间狭小的问题。相对于地面来说，墙面并不影响我们的日常活动。与其"挖空心思"满屋子找收纳位置，倒不如在墙面上做文章。既让白墙有了生机活力，又节省行走空间，还能提升空间的整洁感。经过合理的设计，墙面的收纳能力可能出乎你的意料。

1. 墙面收纳技巧

（1）尽量向高空发展。

在尽量小的占地面积中，要拓展出尽量大的容量。与其选择若干个小型零星的储物家具，倒不如采用一体式的柜体模式。大型的墙面储物柜本身体积庞大，最好事先预留"嵌入式"的凹槽空间，就能与墙体完全拉平，整体隐身。

（2）消除厚重感和压迫感。

　　收纳柜对于居室而言，应该只作为低调的背景，而不能作为主体装饰。其所承担的角色应给予居住者轻松、整洁的印象，而不能喧宾夺主、过分地强调存在感。因此，尽量利用色彩和外观造型来营造舒适性能。另外，拉手虽然看似华丽，但会显得烦琐。可以采用简洁的隐形拉手款式，或直接采用柜门内置反弹器，这样令柜体表面看起来格外轻盈。

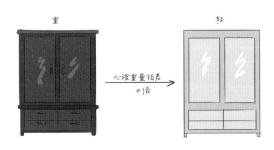

（3）充分利用所有墙角空间。

墙角收纳可利用的工具有搁板和搁架。墙角的空间有大有小，可以根据墙面的走势设计搁板或者搁架，在其上摆放一些装饰品、书籍等，让这个位置成为一个亮眼的角落。

POINT
设计 **关键点**

放置角柜也是一个选择，除了电视柜、衣柜、书柜等大型的柜子之外，还可以在家里的墙角放置角柜、餐边柜、边桌。这些家具一般都不是很大，但是胜在与墙角的空间吻合，方便拿取物品。

（4）有藏有露体现美感。

如果收纳柜所储存的物品属于小件、不规则形状，那摆放在一起很容易显得杂乱。因此一定要遵循"有藏有露"的原则，有柜门的"隐藏收纳"空间里，可以存放大量的杂物；经常使用的物品，如玩具，可以放在收纳盒中，统一放置在柜子下边。美观的藏品放在视线可及的开敞格子中。

P OINT 设计 关键点

如果对全开敞式的书架情有独钟，那就要时刻整理，而且保证书籍的摆放不能东倒西歪，以整齐划一、大小统一为好。否则，落灰是小问题，杂乱不堪才是真正需要注意的问题。

露

藏

露

藏

2. 墙面收纳设计方式

硬装收纳设计

推拉门柜子

平开门柜子

异型吊柜

全开敞柜子

半开敞柜子

转角柜

层板柜

多功能组合柜

壁龛

软装单品收纳

层架

格子架

挂杆 / 挂钩

洞洞板

壁挂式收纳袋

壁挂式收纳盒

梯形置物架

墙面挂条

铁艺网

杂物太多，从地面"借"空间

　　向室内要空间，除了可以从墙面入手，更可以从地面入手。当然，这可不是要你"掘地三尺"，而是通过在地面上增加木工制作来增加收纳空间。在居住空间有限的情况下，地面可以暗藏玄机，例如把床做高，打造一个地台；把阶梯的每一层都打造成一个抽屉；或者在角落"挖"出一个储藏空间等，都让居住空间的收纳性能发挥到了极致。

1. 地面收纳技巧

（1）利用窗边的空间。

架高平台一般会出现在外推阳台处，此处也属于角落空间，但由于上方窗户不可遮挡，所以做成较低的架高平台是最好的选择。下方收纳最好以开门收纳为佳，若是以抽屉收纳，则深处空间较难利用到。

P设计 关键点

在地面上增加木作，可令该部分地面有所抬高，会同时起到自然分隔室内空间的效果。这种增加收纳空间的设计，木作上方还是常用的活动空间，因而，最好选用较好的木材进行制作。

（2）设置榻榻米。

榻榻米为日语音译，主要是木制（板式与实木）结构，形象一点描述，整体上就像是一个"横躺"带门的柜子。一般家庭的榻榻米大部分被设计在房间阳台、书房或者大厅的地面。根据占地面积的不同，可分为角落榻榻米、半屋型榻榻米和全屋型榻榻米。以半屋来设置榻榻米为例，榻榻米之上可以作为睡眠、休闲、收纳区域，而之下则可作为工作区域，工作、休闲能共处一室但又互不干扰，还能因势利导，营造氛围，打造出一个多功能房间。

T**IPS**
> 不仅是对于收纳有要求的小户型，许多经济条件好和房屋面积比较大的家庭都喜欢在室内设置造型各异的地台，以满足美观与实用的需求。在榻榻米上置放一个矮桌，平日里可邀请好友，品茶、对弈、聊天，承担着休闲茶室的功能；或是在工作区域感到疲惫，移步到榻榻米上，闭目养神或者品茶，无疑都是缓解压力的方法。

　　建议在预留出来的地面上搭建两个台阶，这样既能保有空间的层次感，又不破坏连贯性，而且高度为 30 ~ 45cm 的榻榻米不便于上下，台阶的设置对于老人、小孩的安全也多了一层保障。同时可以将台阶也设计为抽屉。对于小户型而言，不放过任何一个边角空间做收纳才是小户型设计的终极目标。

（3）阶梯型收纳。

如果空间层高比较高可以考虑做夹层，其中楼梯部位也可以作为收纳小型物品的区域。另外，双层的儿童房楼梯部位也可作为收纳玩具的位置。这种新奇有趣的收纳方式可以为家人带来灵动的气氛。

2. 地面收纳设计方式

硬装收纳设计

全屋榻榻米

半屋榻榻米

角落榻榻米

卡座

楼梯台阶

阳台地柜

软装单品收纳

收纳型家具

床底收纳盒

小型收纳箱

灵活间隔，打造美观又通透的居住空间

空间的分隔设计也可以作为储物、展示的主力军。可以运用矮柜、吊柜、吧台、书架、博古架等造型来进行空间分隔。这种设计能够把空间分隔和物品贮存两种功能巧妙地结合起来，不仅节省空间面积，还增加了空间组合的灵活性。

1. 间隔收纳技巧

（1）小巧的矮柜分隔、收纳两不误。

矮柜造型多变，制作简单，既能存放物品，又可以在柜上摆放装饰品，功能很丰富。如果居室整体色彩丰富，柜子颜色可以灵活处理；如果整体素雅，柜子最好选用浅色调。

POINT 设计 **关键点**

如果觉得采用单一的矮柜作为隔断，空间显得单调，可以在矮柜的上方悬挂珠帘、纱幔等装饰，不仅分隔了空间，也起到了美化的作用，同时保证了空间的通透性。

（2）博古架做隔断，更有古典韵味。

博古架用来陈列古玩珍宝，既能分隔空间，还具有高雅、古朴、新颖的格调，适合中式古典风格和新中式风格。但应注意博古架色彩要与家居中的其他家具相协调。

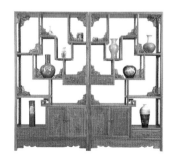

（3）以柜体代替隔断墙更实用。

以柜体代替平淡的白墙，显得轻巧别致，不会给空间带来压抑感，又具有分门别类的强大收纳功能。最适合小型的空间使用，如果怕隔声不好，还可以在柜子背板加隔声棉。

（4）利用书架做分隔，文化味十足。

书架取代隔断墙，不仅通透性好，还能起到展示作用，营造高雅的书香氛围，适合用在客厅与书房之间、卧室睡眠区和休息区之间等处。书架的高度根据房间的采光情况确定。

（5）隔断式吧台让居室充满现代时尚感。

隔断式吧台用于分隔空间，达到隔而不断的整体效果，具有休闲功能，在吧台侧边或底部设计小型酒架，令空间更具小资情调；还可以通过吧台的造型变化起到装饰作用，比如，以圆弧收尾的吧台能够让空间变得更加柔和。

2. 间隔收纳设计方式

桌几＋雕花格

博古架

矮柜＋吊柜

吧台

木线条＋吊柜

悬吊书架

收纳型屏风

异型书架

到顶式柜体

CHAPTER 4

第四章 空间魔术师，规划出
住一辈子的设计

高机能柜体，实现玄关家具一物多用

　　玄关连接室内与室外，虽然空间有限，却是每天外出和回家的小驿站，保障居室内部整洁和出门前的仪容仪表整理都少不了它。如今玄关的功能更加强大，包含进出门换鞋、穿脱衣服、取放包，以及收发快递、放置雨伞、钥匙等功能。因此，将玄关收纳得整齐清爽，把杂物隐藏起来，绝对是一门需要修炼的"绝技"。

玄关鞋柜需要存储的物品：鞋、拖鞋、钥匙、外套、快递、包、雨伞

1. 玄关的常见布局

从实用角度讲，玄关的首要角色是"放置鞋柜的门厅"，因此无论何种户型，设计玄关的关键在于建立"明确的过渡空间"，并给鞋柜预留合适的位置。中小户型的常见玄关格局如下。

（1）独立式玄关。

一般开门之后面对的是墙面，进入室内需向左或右侧走，这种格局想要做好玄关，就得注意如何最大限度地降低门与墙之前的拥堵感，利用贴墙的优势，可以做一个到顶式的鞋柜。这样就可以最大限度地增加储物空间，而且玄关处也比较有整体感。

（2）走廊型的玄关。

走廊型玄关比较常见，门与室内直接相通，中间经过一段距离，因为纵深的空间感，不妨好好利用两侧的空间，这个时候嵌入式玄关收纳柜就会极其实用，庞大的收纳空间可以很好地容纳鞋子和各种杂物。

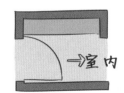

（3）没有固定的玄关。

很多户型是没有多余的空间再做一个玄关，但作为室内与室外的一个过渡连接，大多数中国人的居住观念是室内空间不能一览无余，这时可以采用半隔断式鞋柜，放在入户门与客厅中间，既实用又美观。

2. 根据需求规划玄关的内部尺寸

（1）根据鞋子尺寸确定鞋柜深度。

男女鞋的尺寸不同，差异较大。但是按照正常人的尺寸，一般不会超过 300 mm。因此鞋柜深度一般在 350~400 mm，让大鞋子也能够放得进去，而且恰好能将鞋柜门关上，不会突出层板，显得过于突兀。

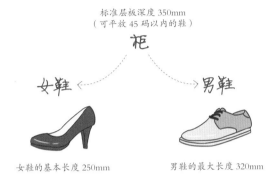

标准层板深度 350mm
（可平放 45 码以内的鞋）

柜

女鞋 ← → 男鞋

女鞋的基本长度 250mm   男鞋的最大长度 320mm

（2）根据所放物品确定鞋柜深度。

很多人买鞋不喜欢丢掉鞋盒，直接将鞋盒放进鞋柜里面。如果这样，鞋柜深度尺寸就应该在 380~400 mm。在设计规划及定制鞋柜前，一定要先量好使用者的鞋盒尺寸作为鞋柜深度尺寸的依据。如何还想在鞋柜里面摆放其他的一些物品，如吸尘器、手提包等，深度则必须在 400 mm 以上才能使用。

（3）设置活动层板和存放杂物的区域。

鞋柜层板间高度通常设定在 150 mm 左右，但为了满足男女鞋高低的落差，在设计时，可以在两块层板之间多加些层板粒，将层板设计为活动层板，让层板可以根据鞋子的高度来调整间距。鞋柜顶部或侧边可根据需要预留出存放小件物品的位置。

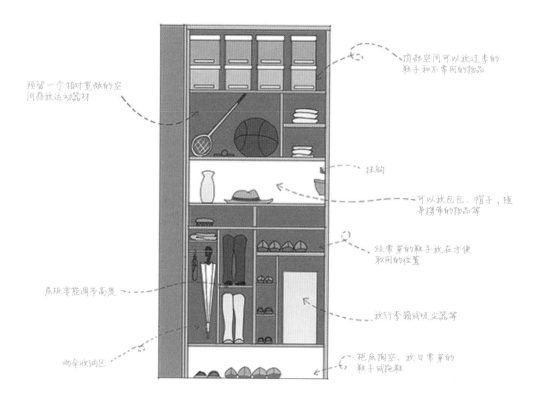

预留一个相对宽敞的空间存放运动器材

顶部空间可以放过季的鞋子和不常用的物品

挂钩

可以放包包、帽子，随身携带的物品等

经常穿的鞋子放在方便取用的位置

层板都能调节高度

放行李箱或吸尘器等

雨伞收纳区

柜底镂空，放日常穿的鞋子或拖鞋

3. 根据需求规划玄关的平面布局

不同的玄关格局，呈现出的设计形态不同。以下图为例看看不一样的玄关尺寸，可以给玄关带来怎样的变化。

玄关最小尺寸（1500mm）

玄关即使再小，也要保证两人可以并行通过

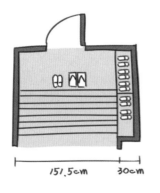

增加一个鞋柜（1500mm+350mm）

多了 350mm 等于多了一个鞋柜，实用功能增加

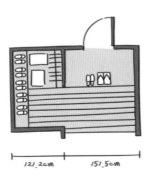

增加一个收纳柜（1500mm+350mm+600mm）

增加 600mm 就可以设计收纳柜了，小玄关也拥有了强大的收纳功能

4. 鞋柜的设计类型

（1）卡座鞋柜。

柔软的沙发垫和柜子搭配，整个看起来很像一个卡座，通常和高柜搭配设计。可以收纳鞋子、外套和包，还可以有一些运动器材、雨伞等出门需要携带又不方便放在普通大小的鞋柜中的物品。收纳空间比较全，满足实用功能的同时还可以坐着换鞋。

（2）马赛克鞋柜。

不规则的格子设计，很像琳琅满目的马赛克。这款鞋柜除了传统的收纳功能，展示功能也很强大，一进门就可以看到主人心爱的小物件。不规则设计的鞋柜搭配灯光会更出效果，另外一格一格的小格子也可以配合草编收纳篮来收纳更多的物品，把袜子放在这里也会是一个不错的选择。

（3）半隔断式鞋柜。

半隔断式鞋柜上面一般采用透明或半透明式的屏风，既可以增加客厅的空间感和私密感，又不影响客厅的通风透光。下部分的鞋柜很实用方便，生活气息浓。一般放在沙发的侧面作为隔断使用。

（4）平行式鞋柜。

平行式鞋柜是目前最受业主青睐的设计之一。中间部分设计镂空台子，可以摆放绿植或相框作为装饰。平行式鞋柜设计精致度高，并且储物空间强大，视觉中心点有装饰物，不会产生压抑感。

（5）吧台式鞋柜。

隔断和收纳的作用，使户型更通透、更有层次感。台面上可以放置很多东西，能够明确地分隔空间，而且不会隔断视线影响采光。悬空设计会显得更加灵活，适合玄关处有窗户的户型或作为玄关和客厅的分隔柜。

（6）阶梯式造型鞋柜。

阶梯式鞋柜在满足收纳功能的同时，还增加了趣味性设计。不同高度的柜子可以放置不同高度的鞋子，而且阶梯式鞋柜设计了换鞋位置，可以让家人朋友进出门时更方便地穿鞋换鞋。

（7）开放式鞋柜。

这款鞋柜厚度一定要比普通鞋柜厚一些，适合放在墙边空间较大的房间，或者直接摆在房间中。与收纳箱结合，收纳功能强大，对于鞋子的选择一目了然。

（8）塑料鞋柜。

塑料鞋柜的优势在于灵活性比较大，鞋子多的时候可以占用叠放空间，鞋子比较少的时候柜子中的格子还可以放置其他衣物。款式多样，也可以多双鞋子放在一起。设计个性，成本低，更适合学生宿舍或者出租房。

（9）独立成品鞋柜。

现在市面上也有不少漂亮的成品鞋柜，但主要起装饰作用，如果家里空间较大，玄关主要以空间过渡为目的，可以根据新家的装修风格来选择一个适合的鞋柜。

（10）到顶的嵌入式鞋柜。

嵌入式鞋柜一般是和进门吊顶结合设计的，不仅美观实用而且可以大大节省室内空间。利用墙面的空间，在考虑墙体的承重范围下，在玄关处设计嵌入式鞋柜，能够保证鞋柜足够安全，将凌乱的鞋子通通摆齐放入鞋柜里。

客厅硬装、家具选到位，空间"赚"出来

客厅在家庭中集会客、视听、休闲功能于一身，人们赋予客厅的重任越多，其堆放的物品就越多。尤其像遥控器、报刊书籍、零食等各类杂物，如果没有适当地收纳，整个空间就会显得十分凌乱。因此，客厅中往往摆放茶几、边几等家具来对空间中的物品进行收纳。需要注意的是，客厅作为活动最多的空间，地面的动线十分重要，尽量不要在地面上摆放任何除必要家具以外的杂物。

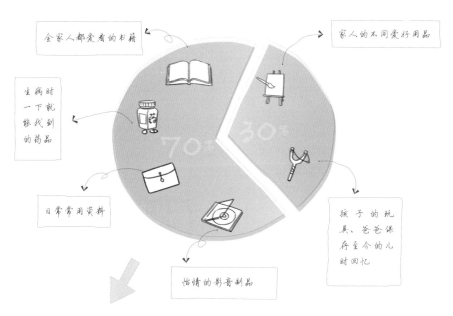

全家人都爱看的书籍

家人的不同爱好用品

生病时一下就能找到的药品

日常常用资料

孩子的玩具、爸爸保存至今的儿时回忆

怡情的影音制品

除了大容量的电视储物柜中所存放的物品，客厅中还要收纳哪些物品？

视听用品的辅助工具

1. 客厅硬装设计

（1）嵌入式电视柜。

内嵌于墙面的电视柜最节省空间，根据墙面特点和电视的大小，现场定制收纳柜，容量大又整齐，可以满足大部分的公共物品收纳或图书、藏品的收纳。规规矩矩的柜体型存储空间，容量大又整齐。

（2）造型电视柜。

电视柜既可以用最传统的抽屉和门板将物品藏于无形，也可以采用现代式的地柜与吊柜结合设计，会更有个性，而且居住者还能根据不同时期的需要做相应的变化，可谓是集功能性与灵活性于一体。

（3）背景墙 + 壁龛结合。

如果电视背景墙想要以展示和美观为主，可以在大理石、木材或石膏板等电视背景墙上嵌入壁龛，新颖的结合方式，可以为空间带来意想不到的装饰性。

（4）敞开式搁架。

一些户型较小的居室，往往将书房与客厅进行合并，因此客厅会有大量的书籍需要进行收纳。常见的收纳方式是在沙发旁边设计出小型的开放式书柜，既方便拿取，又不会占用过多的空间。对于书籍较多的家庭，则可以将沙发不靠墙摆放，在沙发后面的墙面打造一个开放式书架，这样可以容纳更多的书籍。

（5）窗台空间。

如果客厅是凸窗设计，可以在窗下做一个木作的沙发座，平时居住者可以坐在上面休息，掀开座板就可以看到下面的收纳空间。如果客厅是平窗设计，则可以靠窗做一条休闲长椅，长椅本身也可以成为一个收纳柜。

2. 客厅家具选用

（1）沙发收纳。

沙发在客厅内占据空间较大，是客厅的一个大件家具。现在，有一些沙发的底部可以打开，能够收纳并放置一些物品，特别适合小型客厅使用。当然，沙发本身的扶手就是可以放置一些物品的，例如遥控器、通讯录等。还有一些沙发旁边设有沙发袋，可以放置报纸、杂志等。

（2）茶几。

要想在客厅得到更多的空间，应该好好"挖掘"一下茶几的"潜力"。茶几是用来摆放茶水之物，表面还能做些简单收纳与装饰。带有抽屉的茶几，还能把零食和摆放得杂乱无章的小饰品放在里面。另外，现在有些多功能茶几，可以实现更多杂物收纳。

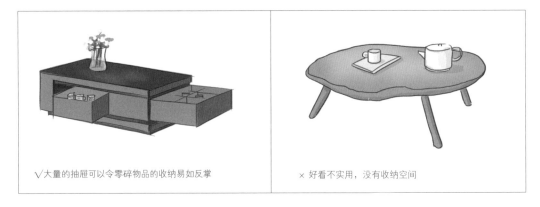

√大量的抽屉可以令零碎物品的收纳易如反掌　　　× 好看不实用，没有收纳空间

（3）边几。

高低不等的边几看似没有强大的收纳功能，但是却可以根据不同的使用需求，与其他家具搭配使用，来客人了，也能有放茶杯的地方。同时，边几还是摆放相框和台灯的好地方。如果是喜爱阅读的业主，也可以在边几上搁置常看的书籍。

（4）成品电视柜。

电视柜是最常用的收纳空间，一般机顶盒、DVD 都置于电视柜上，如果想要造型感更强、更美观的电视柜可根据空间尺寸购买成品电视柜。选择带有抽屉的类型也能完成部分收纳功能。

（5）成品吊柜、搁板。

客厅中可以在墙面上设计一些收纳搁板，搁板的组合灵活，占墙面积小，同时又能满足墙面的展示需求。需要注意的是，搁板上的物品需要进行细致的分类，横向按物品的种类分，如文具占一边，工具占一边；纵向按照使用频率划分，最常用的放在最下面，不常用的放在上面，分类做好后，需要长期保持。

（6）沙发边柜。

巧妙地利用沙发边柜作为沙发的背景，高度和沙发平齐或略低。使得沙发看起来不再孤立无援，又大大地增加了物品摆放的空间。边柜柜面上可以摆放台灯、相框、饰品，柜里则可塞进大摞的书籍和纸箱。值得注意的是，边柜、沙发、地板的颜色最好搭配和谐。

（7）收纳凳。

客厅里不妨多准备一些收纳凳，既不会过多地占用空间，而且能收纳客厅中不常用的杂物，换季的小物件等也能收纳其中。客厅人多的时候，收纳凳还能作为应急之用。

创意型收纳，创造进餐的乐趣

　　餐厅是一家人享受美食的地方，既要保证整洁干净，也要拥有完美的装饰。但现在的小户型装修，最难的就是存储空间不足，家庭成员又多，预留给餐厅的面积都不会太大，想要扩大收纳又保证餐厅的舒适度，可以运用一些创意的方法来解决空间收纳问题，如利用墙面进行收纳，这样的方式可以为家居空间多带来一些亮点。餐厅承载的基本日常行为，最容易与餐桌亲密接触的，是与"吃"和"用"两项行为有关的物品。

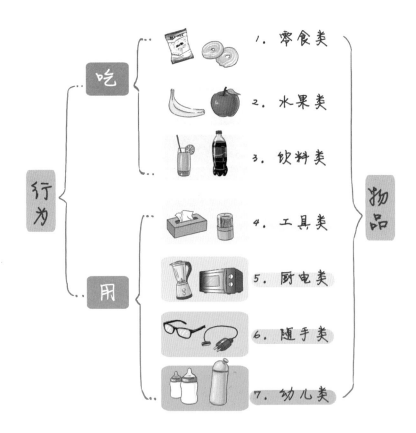

1. 餐厅设计问题

（1）造成餐厅混乱的原因。

造成餐桌混乱的原因，和我国大多数家庭的生活习惯和居住条件有关——"怕麻烦"和"空间小"。有些家庭为了方便，常常把老干妈、香菇酱等佐餐类食品放在餐桌上，避免多次拿取；或者将餐巾纸、牙签等餐后用品直接放置在餐桌上。还有些有宝宝的家庭，为了拿取方便和避免油烟，将宝宝的奶瓶、奶粉等物品放置在餐桌上……类似于这样的现象不胜枚举，也就造成了餐桌的覆盖率过高。

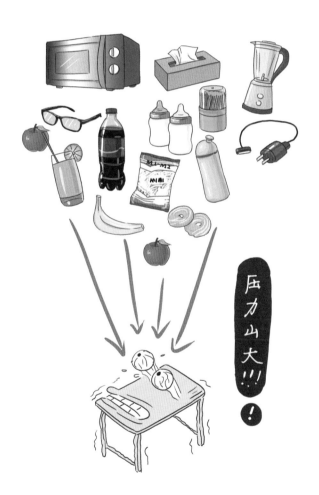

（2）解决餐厅收纳问题的方法。

其实，解决餐桌覆盖率过高的问题，最简单的方法就是选择一款合适的餐边柜。但在选择的时候，一定要注意两大问题，首先餐边柜的使用率一定要高，其次餐边柜的摆放位置一定要合理。

▶摆放位置合理。 如下图：小型餐厅可以将餐桌和餐边柜呈"T"字形摆放，这可以营造一个餐桌和餐边柜"零距离"的接触方式，拿取顺手，可以在一定程度上缓解餐桌的置物压力。

▶使用率高。 有些家庭在餐桌旁是摆放了餐边柜，但由于收纳区使用起来不方便，久而久之餐边柜的表面也变得杂乱起来。比如下图这种矮柜，柜体里面只设置了一两块层板。但由于餐厅常用的物品多为小尺寸，采用层板收纳容易造成"前后堆叠"现象，使用起来并不方便。

2. 餐厅的实用收纳方式

（1）矮柜式餐边柜。

降低视觉重心的低矮度家具，有放大空间的效果，使空间的视野更加开阔。这类边柜的高度很适合放置在玄关走道或餐桌旁，柜面上的空间还可以设计搁架，用来展示各类照片、摆饰品、餐具等。同时，内部层板一定要合理，令用品分类明晰，拿取方便。

（2）整面墙式餐边柜。

餐厅面积较大的家庭可以选择整面墙式餐边柜，使用空间较多、整体性强，也具有装饰性。这些造型各异的墙面柜好像一件件艺术品，既具有实用性，又能带来视觉震撼力。无论是古典还是现代风格的居室，都能因其展现出很好的居室魅力。

（3）半高柜。

可收放自如，款式造型多样。一般常见的餐边柜都是横向的矮柜，但是矮柜加吊柜的造型款式，与餐桌线条形成舒适的视觉构成。而局部的空格、隔板设计，则让物品摆放方式更加丰富。

（4）角落嵌入式餐边柜。

如果餐厅空余墙面有限或有凹位墙，可以选择根据墙面凹位嵌入餐边柜，占地面积不多，但是储物能力丝毫不差。丰富组合形式，可以选择玻璃柜门、实木柜门等款式，组合摆放，能带来一些视觉变化。

（5）卡座。

除了传统的可移动式餐椅，目前的餐厅设计中，卡座形式大放异彩。卡座来源于演艺式酒吧或休闲会所，形态为两个面对面的沙发，中间加一个小桌子；在商业餐厅中被广泛运用，逐渐渗透于小户型的家居餐厅之中。

卡座不仅在商业空间中受欢迎的程度很高，在家居餐厅中同样具备颜值讨喜、功能实用的优势。家居餐厅中利用卡座来代替一部分的普通餐椅，可以体现出以下三大优势。

POINT 设计 关键点

在商业餐厅中，如果有卡座的设置，往往会成为首选之座。产生这一现象的主要原因为人类心理的"背后不安全感"：人们往往对眼睛无法观察到的背后场景，会产生莫名的恐惧，这是由于在人类漫长的进化中，集体潜意识里保留着一种被野兽或敌人从背后袭击的恐惧感。这种恐惧逐渐推演于在餐厅进餐时，如果坐在背后无靠、有人频繁经过的座位时，同样会在心理上产生莫名的紧张感。由此原因，稳定、有靠背的卡座成为受欢迎的"餐厅新宠"。

▶**节省空间**。规避了传统餐椅之间存有空隙的缺陷，直接贴墙设计，省去了隐性过道的尺寸。在有限的空间中，可以坐更多的人，适合小餐厅和经常有聚会需求的家庭。

▶**使用舒服**。卡座相对于传统餐椅，更加的稳定，可以带给使用者心理上的安全感。此外，除了满足吃饭的需求，平时还可以在此倚坐，看书喝茶，十分惬意。

▶**方便储物**。在家居中设计卡座，最不容忽视的优点便是多出一部分的储物空间。卡座的下部可以设计为收纳空间，缓解家居中的收纳压力，使家居的面貌更加整洁、有序。

（6）餐厨合一型收纳。

对于小户型来说，最缺的就是空间，餐厨一体式的设计再适合不过。两个空间合并之后，少了隔断，同时也增加了视觉范围，餐厅的收纳空间也会增多。但毕竟餐厅作为就餐空间，要尽量使其舒适、洁净和温馨。最好使用到顶的整体厨柜，这样不仅可以大幅度提高房间的使用面积，而且可以将厨房中众多的盆盆罐罐收入其中，使整个房间变得整洁而干净。

3. 保持餐厅良好动线的尺寸标准

餐厅中的家具主要集中在餐桌区域，主要有"三大件儿"——餐桌、餐椅和餐边柜。要想餐厅使用起来方便、舒适，这"三大件儿"之间"和谐共处"的尺度要牢记。

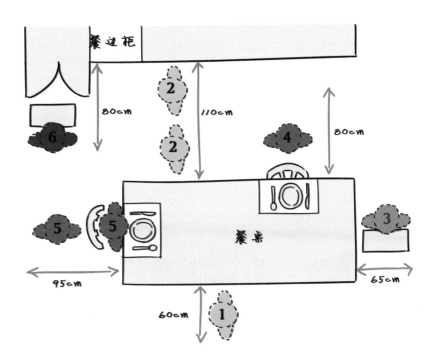

①单人经过的通道宽度为 600mm（侧身通过为 45cm）。

②两人擦肩而过的宽度为 1100mm。

③人拿着物体通过的宽度为 650mm。

④就座时所需的宽度为 800mm。

⑤坐在椅子上同时背后能容人通过的宽度为 950mm。

⑥打开餐边柜取物品的宽度为 800mm。

提升空间利用率，解决小卧室危机

卧室是放松身心的地方，因此整洁、舒适是其主要的要求。在收纳方面要做到不杂乱，物品使用起来要便捷。在卧室中放置的往往是较大的衣柜和床组。如何充分利用有限的空间，令小卧室放置更多的物品，是业主需要考虑的主要问题。

小卧室收纳的有效方式

（1）床头空间。

　　卧室的床头空间是增加收纳的好选择，可以制作柜体，作为卧室背景墙，既不会占用地面面积，也可以省出不少空间。另外，内部可以设置多层搁板来实现密集收纳。如果搁板的进深小，最好选择同一尺寸的物品存放，让利用率最大化；如果进深大则可根据实际需要随意调整，以满足更多收纳的需求。

（2）带有收纳功能的卧室飘窗。

带有飘窗的卧室，可以在飘窗底部做收纳柜，以扩大其收纳功能；如果不想设计成掀盖的模式，也可以直接在底部预留空间，直接放置收纳箱，可使收纳空间随之加大，也更方便物品的存取。

（3）衣柜 + 书桌一体化。

可以将衣柜与书柜一体化设计，书桌空间往上延伸可利用隔板解决零碎物品的收纳和陈列问题。不仅节省空间，同时整体性强，但需要根据不同户型进行定制。

（4）利用睡床进行收纳。

选择一个底部具有收纳功能的床，可以大大增加空间的收纳功能，将不常用的床品、衣物等放置于床箱中，十分便捷。即使没有选择带储物功能的床也没有关系，一些高度适宜的储物篮、筐和纸箱能很好地隐藏于床下，而且取用方便。这样的收纳手法既简单，又十分灵巧，既节省了空间，又方便了主人放置小物品。

（5）利用床头柜进行收纳。

床头柜是卧室中较为常见的收纳家具，尽量选择增加收纳空间的抽屉柜，这样就为小杂物找到了归属地。如果不喜欢传统形式的床头柜，可以选择一款有趣且格局分明的收纳柜。床头柜上还可以放置台灯等物品。

（6）大型衣柜。

大型衣柜是卧室收纳的首选，可以将衣柜上层做成不同高度的隔层，这样就能够方便地将换季的衣物随手放上去。衣柜收纳可以选用适合不同种类衣物使用的收纳配件，如挂衣杆、拉篮、储物盒、储物筐、储物袋来分别放置不同的衣物。衣柜的深度一般为 60cm，放取衣物时要为衣柜门或拉出的抽屉留出一定的空间。人在站立时拿取衣物大致需要 60cm 的空间，若有抽屉的衣柜则最好预留出 90cm 的空间。

P^{OINT}设计 关键点

衣柜通常分为被褥区、叠放区、上衣区、长衣区、抽屉等几个部分，每一部分的尺寸都有相应的要求，记住这些尺寸，不仅可以为选购和定制做参考，还有助于了解衣柜的收纳常识。

（7）组合式榻榻米。

原本是日式和室装修中常见的表现形式。如今，也受到很多中国家庭的喜爱。尤其是作为客卧使用的小型卧室，因其可以设计一体式橱柜和写字桌，可以令空间的使用率达到最高。

30cm 以下
只适合侧面做抽屉式储藏

30～40cm
可做上拉门式翻盖门

40～50cm
考虑整体做成上翻门式柜体

POINT 设计 关键点

普通地台高度为 15 ～ 20cm 即可，如果空间高度许可，也可制作成 25 ～ 50cm 高度的地台。另外，30cm 以上的地台，较适合人体下肢弯曲后高度，符合人体工学。

巧妙改造，小户型也能拥有衣帽间

拥有独立衣帽间是很多人的梦想,但是在寸土寸金的城市中,衣帽间成了被舍弃的"奢侈品"。其实衣帽间实际占用面积并不是很大,如果细心观察,灵活运用,家里总会有一个地方可以满足对衣帽间的需求。

1. 拐角衣帽间

可以充分利用房间的拐角处打造衣帽间，拐角处相对而言不占用空间。最好的是将整个房间的高度进行改造，这样上层可以存放过季或者不常用的衣服，下层负责放鞋子等。

2.阳台衣帽间

如果阳台够大或者家里有两个阳台的情况下，就可以在阳台位置打造一个衣帽间。如果担心采光问题，建议采取一半模式，利用阳台的其中一半进行改造，或者是靠近某一侧墙面改造阳台，这样既不用担心光线问题，也不会影响阳台本身的晾晒衣物的功能。

3. 楼梯衣帽间

如果居室是小型的阁楼户型，可以尝试在楼梯正下方的位置进行衣帽间改造。相对而言楼梯的宽度较为合适，只需要简单地将楼梯以下的位置加以完善即可。

4. 过道嵌入式衣帽间

如果整个房间实在是找不出地方可以改造成衣帽间，可以对房间过道加以利用，两面的墙壁是最好的依托，采用嵌入式设计，内部做好分层工作就可以。同时，如果过道太窄，建议选择一侧墙面，最好选择推拉门或直接采用开放式设计，避免过道过于拥挤。

多功能组合家具，让儿童房不再凌乱

　　随着年龄的增长，孩子游戏、学习的时间在加长，各种玩具书籍也逐渐增多，而好动的天性，使他们几乎不可能不乱丢玩具和乱放东西，此时儿童房的收纳工作更显重要，而采用卡通家具、多功能的组合家具既方便家长整理，也可以从小培养孩子自己动手收拾的良好生活习惯。

1. 儿童房的收纳理念

（1）收纳靠墙、玩乐居中。

尽一切努力提高空间的使用率，给孩子充足的地面玩乐空间，而不要让大床占据房间的中心位置。具有多层收纳格的储物柜和床可贴墙摆放。预留出中间位置作为孩子的玩乐空间。

（2）卡通收纳家具，培养孩子的收纳习惯。

孩子有孩子的天性，好动活泼，不喜欢被束缚，因此孩子天性里也是没有收拾和收纳的习惯的。家长可以采用适当的方式引导孩子养成好的收纳习惯，自己的玩具自己收拾。在这个时候，就可以利用孩子对卡通的喜好，在家中放置一些卡通收纳柜以及玩具收纳箱等，由于孩子对卡通的亲近感，引导孩子收拾自己的玩具会更容易。

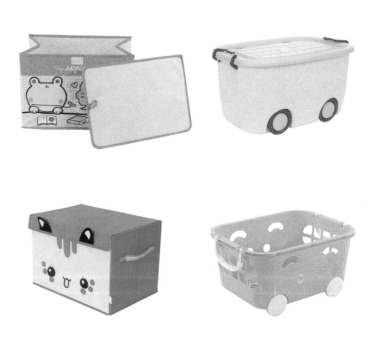

（3）将生活空间立体化。

儿童房中的玩具等物品较多，可以将平面的生活空间立体化，如可以将床做高，下面放书桌或衣柜，这样一个空间就能实现两种功能。另外，还可以在墙面做隐藏式的柜体、开放式搁架，方便收纳孩子平时常用的玩具和书籍。

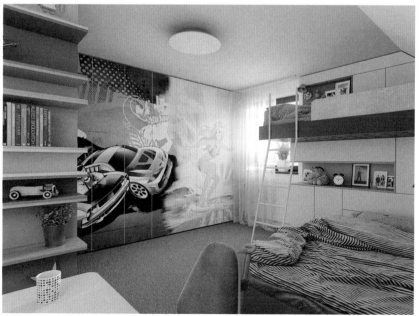

2. 常用的多功能收纳方式

（1）利用组合式家具进行收纳。

如果儿童房空间较小，可以考虑组合式家具的设计方法。将孩子的床、衣柜、书桌进行组合设计，在意想不到的地方还可设有吊柜、可伸缩的托板等，可以放置随手可拿的小物件，为儿童房留出更多空间。

（2）利用双层睡床进行收纳。

双层的儿童床收纳功能非常强
大，可以利用楼梯台阶、靠墙的墙
面、床下的地柜等空间完成收纳。
这样可以把收纳和睡眠空间集中在
有限的区域内，空出来的地面可以
作为孩子的游戏、学习区。如果只
有一个孩子，还可以利用上铺床面
收纳孩子的玩具、衣物等。

活用书柜，每个人家中都有座图书馆

普通小户型的家庭，书房面积一般都不大。因此书房空间就显得更加珍贵，如何巧妙地、最大限度地利用空间完成书籍的储存成了最头疼的事。其实利用好奇零空间，每个人家里都可以完成大容量的书籍储存。

1. 独立书房的布局

（1）一字形

一字形摆放是最节省空间的形式，一般书桌摆在书柜中间或靠近窗户的一边，这种摆放形式令空间更简洁时尚，一般搭配简洁造型的书房家具。

（2）T形。

将书柜布满整个墙面，书柜中部延伸出书桌，而书桌却与另一面墙之间保持一定距离，成为通道。这种布置适合于藏书较多，开间较窄的书房。

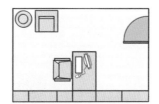

（3）L形。

书桌靠窗放置，而书柜放在边侧墙处，这样的摆放方式可以方便书籍取阅，同时中间预留的空间较大。可以作为休闲娱乐区使用。

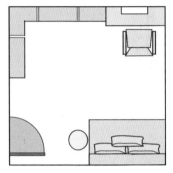

（4）并列形。

墙面满铺书柜，作为书桌后的背景，而侧墙开窗，使自然光线均匀投射到书桌上，清晰明朗，采光性强，但取书时需转身，也可使用转椅。

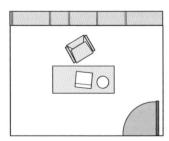

2. 角落书房的营造

（1）窗台书桌。

　　窗台的光线是最充足的，如果是飘窗，还可以和侧面墙壁连起来设计，在拐角处设计电脑桌、书架、书柜，这样就可以打造一个学习区，最大限度地利用空间。将窗台设计成书桌除了要注意预留出放脚的位置令就座更舒适外，最好注意选择遮光性强的窗帘，以免阳光直射造成电脑屏幕反光和对眼睛的伤害。

（2）客厅挤出书房。

对小户型来说其空间已经完全不够用，把客厅兼做书房，利用不同的墙面设计和家具摆设，使开放性空间与书房融为一体，实现这两种功能合理搭配，客厅书房功能完美转换。

▶比较大（狭长）的客厅，可以把沙发往前移，利用多出来的面积做个小的阅读空间，巧用隔断设计让小户型客厅的利用率更高。

▶不要墨守成规，以为书架只能靠墙放置，可以将大型书架搬至要分隔的区域，这样轻易就可划分出两个独立的空间；如客厅和其他空间的交接地带，充分利用隔断做书架收纳，可有效放大空间；还有沙发旁的空间，设计一款隐形的小书架，和客厅的整体风格一致，既实用又是很好的装饰。

（3）餐厅兼做书房。

餐厅不仅可以作为用餐的空间，在餐桌或吧台旁边设计隐形的书架，用来作为读书空间也很惬意。新颖的设计方式，令空间更具小资情调。

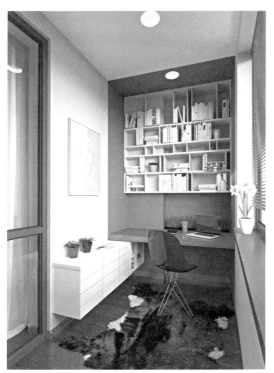

（4）阳台书房。

如果空间中有阳台等休闲空间，可借用改造成阳台书房，独立而不影响其他空间的功能使用。阳台改造成了书房，其设计以功能性为主，为保证书房私密性需注重隔断设计，实现书房专属区域，营造了视觉上的通透感。但得加强阳台书房窗户的密封性，注意防晒。

（5）房间转角建书房。

房间的转角是最难利用的空间，做成嵌入式的书柜，既保证了藏书空间的整体性，又可以将死角利用得恰到好处。如果层高过高，可设计一个梯子，方便拿取放于上层的书籍。搭配一个舒适的沙发，可以令角落也有情调。

厨柜巧分区，厨房更整洁、便利

　　厨房里的零碎东西最多，尺寸大小也不一致，在收纳困扰排行榜中，厨房总是名列前茅，而厨房又是极其重视收纳的一个空间，除了视觉上要求干净美观外，使用的便利性也相当重要。一些看似平常的收纳分区方式，却能增加许多便利。

1.厨房的收纳理念

（1）合理规划使用面积。

厨房中，如果动线合理，能够带来便捷的烹饪体验。此外，每个工作区域的台面面积，也需要合理规划，才能令烹饪工作变得顺手，更顺心。厨房工作台面，需要考虑使用面积的区域主要包括：备餐区、盛盘区、沥水区。

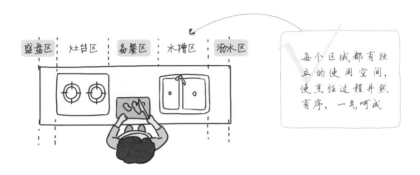

每个区域都有独立的使用空间，使烹饪过程井然有序，一气呵成

（2）厨房中细小器物分类摆放。

可以将所有的盖碗和咖啡杯先撤掉托碟，侧过来"排队"，然后将托碟也侧过来"排队"，放置在同一收纳区，要用的时候很容易将它们速配成对；汤匙也可以侧过来排成长龙，旁边放置叠放的筷架，每三个叠放成一组，这样找到了汤匙也就找到了筷架。

2.厨房的收纳方式

厨房最大的收纳家具莫过于整体厨柜，整体厨柜具有强大的分门别类的收纳功能，能令厨房里零碎的东西各就其位，使厨房井然有序。在整体厨柜中，空间储藏量主要由吊柜、立柜、地柜等来决定。另外，还可以利用柜门的背面粘些挂钩，来存放不方便放在抽屉里的厨房用具或经常使用的物品。整体厨柜中可以进行收纳的空间包括：吊柜、地柜、厨柜台面（墙面）。

上部吊柜

中部吊柜

下部地柜

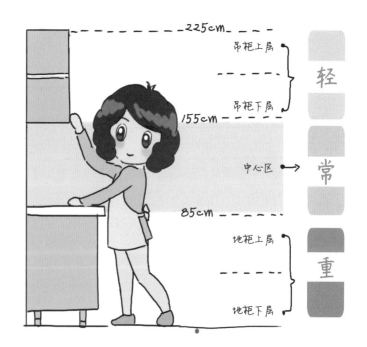

（1）吊柜收纳。

吊柜位于橱柜最上层，这使得上层空间得到了完全的利用。由于吊柜比较高，不便拿取物品，因此应在此放置一些长期不用的东西。一般可以将重量相对较轻的碗碟和锅具或者其他易碎的物品放在此处，易碎的物品放在高处也不用怕伤到孩子。为了保证存取物品的方便，又不易碰到头，吊柜和工作台面的距离以 50cm 为宜，宽度以 30cm 为宜。

POINT 设计 关键点

保留几个开放性的格子用来收纳调料和常用的小型厨具，免去了来回开门的步骤，会令烹饪更加便利。

（2）立柜收纳。

一般立柜的体积较大，所以它的收纳功能相对来说也比较强大，也可以把立柜和冰箱、微波炉等电器结合设计，这样既可以节约空间，又能使厨房显得整齐、利落。而且立柜中都设有通体筐，是最高的收纳篮子，这些篮子和厨柜一般高，可以将物品分类储存，绝不杂乱。

（3）地柜收纳。

地柜位于厨柜的最底层，对于质量较重的锅具或厨具，不便放于吊柜里的，只能放在地柜里。另外，地柜中诸如水槽和灶台下面的空间要特别注意防水。地柜的组成，相对于吊柜和立柜而言，较为复杂一些。下图对地柜进行"分解"，就可以轻而易举地看到地柜的组成方式。

POINT
设计 关键点

事实上，地柜主要包括设备柜和储物柜两部分。设备柜中，水槽柜和灶台柜是一定要有的，消毒柜则可根据实际情况进行取舍。储物柜中的搁板柜、抽屉柜和拉篮柜实际上是制作时的不同表现形式，可以根据预算进行选择（搁板最便宜，拉篮居中，抽屉最贵）。

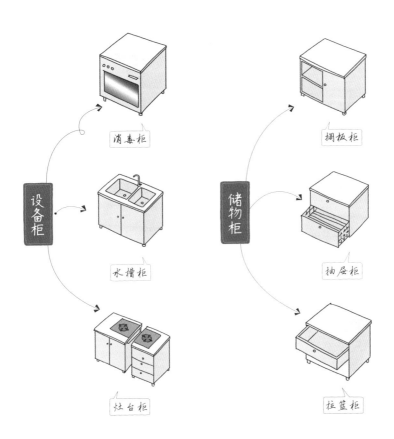

消毒柜

搁板柜

设备柜

水槽柜

储物柜

抽屉柜

灶台柜

拉篮柜

▶在定制厨柜时，如果经济条件允许，一定记得要多做抽屉！可以为主妇带来便捷的烹饪时光。但抽屉式地柜相对柜体式地柜价格略高。所以推荐采用的柜体式和抽屉式相结合的设计手法，既达到了在厨房中增加抽屉的目的，又在一定程度上节省了预算，非常适合预算有限的家庭。

Point 设计 关键点

在整体厨柜中，除非是预算真的不允许，否则一定要想方设法配置 2 ~ 3 个抽屉。抽屉可以配置在切菜区，这个位置需要搁置厨房中常用的零碎物品，方便使用。

▶ U 形和 L 形格局的厨房虽然使用率较高，但却有一个令人头疼的缺陷——直角位置容易产生死角。这就造成在橱柜设计中往往会出现盲柜和转角柜。避免橱柜死角的最好方法为制作转角拉篮。转角拉篮柜可以令厨房的使用率更高。

POINT 设计 关键点

地柜中可以设计一两层搁板或搁架，用以提升储存空间的使用率；同时用来储存蒸锅、炒锅等大件物品也十分合适。

水槽下方的厨柜比较潮湿，多将锅和清洁用品放置在此。

（4）岛台收纳。

厨房中设置一个具有强大收纳功能的岛台，可以为生活提供许多便利。可以将其下方分为多个隔层，放上些烹饪图书，既能在烹饪时随意翻看，又能做展示之用。如果是带有抽屉的岛台，则能放置一些小东西。如果岛台拥有宽大的台面，也为平时的烹饪提供了便利，碗、盘等物可以有足够的空间进行摆放。

（5）挂钩、挂杆收纳。

　　厨房中的炊事用品，如铲子、漏勺等带孔的用具，可以挂在墙面上。例如，在墙上安置一些S形挂钩，这样的做法既简单，又合理地利用了空间，同时也方便拿取，可谓一举多得。另外，像抹布之类的清洁用具，则可以利用挂杆来悬挂，这样避免了因为潮湿而引起的异味。

卫浴用品挂起来，省下空间大一倍

　　卫浴间中的常用物件非常多，浴巾、卫生纸、坐便器刷、洗脸盆、各式化妆品……这些物品又小又零碎，如果收纳不佳，整个卫浴间就像一个废品收购站，让人无从下手。若想要卫浴间容易清理，且防止物品受潮，应尽量避免在卫浴间"低处"放置物品。其中的技巧就是——想办法挂起来！"挂起来"的两重含义：直接挂起来或采用收纳家具或搁架把物品收纳在墙面。

1.利用家具进行悬挂收纳

（1）卫浴柜。

卫浴柜是卫浴间中最主要的收纳家具。如果是带有隔层的卫浴柜，可以在上面的部分放置每天都要使用的肥皂、基础化妆品、牙刷、牙膏等，容易倒的物品可以装在盒子里；中间的部分如果有空间可以摆放细长型的抽屉柜，存放化妆品、毛巾、内衣等物品；下面的部分可以摆放牙膏、美发用品、洗发水、沐浴液、洗涤剂等洗漱用品和清洁用品。

（2）悬挂镜柜。

卫浴中最常见的收纳家具就是卫浴柜，但卫浴柜需要蹲下来拿取物品，常用的洗漱用品并不适合放置在此。不妨设置一个挂墙式镜箱柜，将原本浴室柜面上的零碎物，借镜箱之力"挂起来"。挂墙式的镜柜安装随意，不占空间，又有很好的收纳功能。宽大的镜面更能增添视觉上的空间感，尤其适合面积不太大的浴室。镜柜中一般可以摆放洗面奶、爽肤水、电吹风等常用物品。

2. 利用搁架、搁台进行墙面收纳

（1）垛子打洞。

有的小户型卫浴间因为包管道和通风，会凭空多出一些颇占空间的垛子，虽然不能拆除，但完全可以"变废为宝"，比如在周围的垛子上打几个尺寸一样的凹洞，这样洗浴用品就有了藏身之处。在凹洞处用不同材料设计，既美观，又扩大了储物空间，使用起来还很方便。

（2）多功能置物架。

对于空间狭小的卫浴间来说，利用好每一寸空间都是必须的。可以在需要的位置设置置物架。如多层的梯子置物架、不锈钢架等，可摆放沐浴用品，或悬挂毛巾。而且置物架尺寸很好控制，可以量身定做，更适合在一些奇零的空间使用。

3. 直接悬挂收纳

"直接挂"的概念并非指物品拥有了特异功能，可以和卫浴间墙面"如胶似漆，不分离"。而是同样需要借外力挂起来，不同之处在于单品直接挂，自成一体。将单品挂起来，减少了物品与水的接触面积，防止细菌滋生及腐烂的现象发生，同时也改善了通风条件。

将香皂挂起来，易干燥，防泡坏

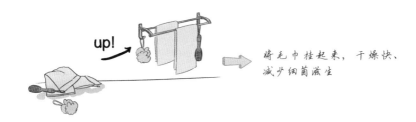

将毛巾挂起来，干燥快、减少细菌滋生

特别 "吸吸"：

现在某宝上推出很多免打孔的吸盘、粘钩等小单品来辅助完成卫浴间的收纳问题。但由于卫浴间是用水空间（已强调了很多次），吸盘、粘钩的使用寿命会大大缩短，很容易掉下来。因此，如果有可能用冲击钻打孔，还是尽量要用

推荐

这种扁平型的挂钩，看着体量不大，但在卫浴间中却能大显身手，可以设置在卫浴间门上，用于挂浴巾等物。既有收纳功效，又不用打孔，同时还避免了粘钩、吸盘容易掉的弊端，十分好用

CHAPTER 5
第五章 令杂乱空间隐身的人气案例

组合家具，令狭长区域变身多功能空间

户型面积： 97.8 平方米

设 计 师： 赖小丽

户型格局： 玄关、客厅、餐厅兼多功能厅、厨房、主卧、次卧、儿童房、卫浴间

客户需求： 1. 屋主希望厨房能有更多的储藏空间，并且尽量能解决空间采光不足问题。

2. 希望有餐边柜可收纳餐具。

3. 希望扩大儿童房的面积，并在卧室有专门的读书、藏书空间。

4. 希望拥有合理的动静分区，不要相互交叉。

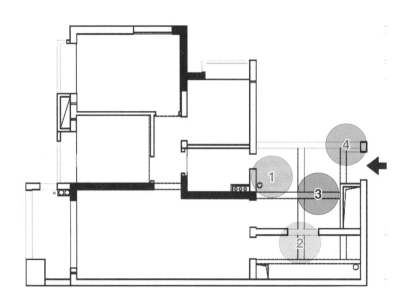

1. 临近的两个居室之间有轻体墙分隔，导致两个空间利用率都不大

2. 卫浴间窗户正对入户门，不仅导致风水不好，而且严重影响私密性

3. 厨房没有窗户，采光不佳，且门洞过多，不能有效利用墙面

4. 玄关过于狭长，空间利用率不高

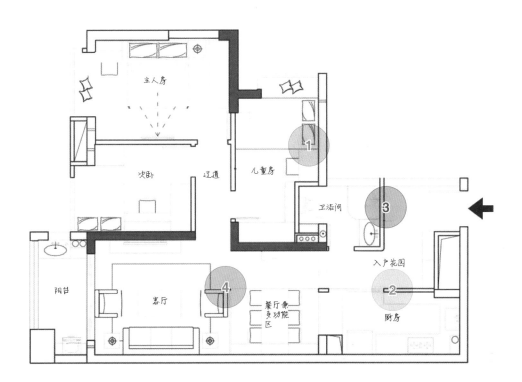

1. 拆除两个居室之间的轻体墙，形成了一个面积较大的儿童房。而且根据空间的特征定制榻榻米、书桌、书柜和衣柜，使空间分区明确，收纳功能更强大

2. 把厨房的门从中间改到最左边，从而有充足的位置制作整体厨柜。而且，大面积的玻璃推拉门巧妙地把光线引进没有窗户的厨房

3. 把狭长的玄关从中间隔开，划分给卫浴间，令卫浴间行走动线更舒适，同时也避免了卫浴间窗户正对入户门的烦恼

4. 居住者希望可以将空间动静分区，因此把客厅、餐厅、厨房这些动区放在一侧，避免和卧室等静区交叉

OK
破解

设计要点解析

1. 正对入户门的墙面以装饰为主

正对入户门的玄关以一个造型感极强的柜子搭配大幅装饰画，并用植物微景观进行桌面装饰，令空间显得生机十足。

2. 到顶的玄关柜满足鞋子的收纳需求

玄关收纳的重点在于进门右手边的柜子，到顶的设计满足了常用鞋子的收纳需求。同时中间部位留空，可摆放小型绿植和艺术品，令柜子灵动美观。

3.狭长型客厅适合带抽屉的一字形电视柜

客厅属于狭长型，因此电视背景墙没有做过多的造型，搭配带有抽屉的一字形电视柜，在满足小物件收纳的同时也让动线不受阻碍。

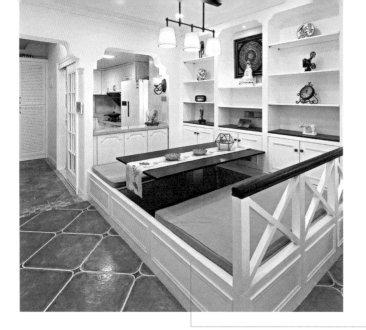

4. 组合式榻榻米展现实用与美观结合的多功能区

餐厅整体采用组合式榻榻米结合到顶的餐边柜，从而令餐厅集收纳、展示、进餐为一体。餐桌设计成升降式，需要时可以升起来当餐厅使用；不需要的时候，可以降下来当作榻榻米，作为客人临时居住或小孩玩耍的活动空间。

5. 吧台把餐厅与厨房很好地联系起来

设计师把原来厨房门位置设计为温馨吧台，把餐厅和厨房紧密结合。同时，半隔断式吧台为生活增添浪漫气息的同时，亦可增加收纳空间。

6. 儿童房中的榻榻米睡床兼具多重功能

儿童房的休憩空间设计为榻榻米，兼具睡眠与收纳功能；同时与飘窗相连，为家中的儿童增加了活动空间。

7. 书架和衣柜结合设计，成功利用拐角空间

小户型要充分利用墙面和地面空间做收纳，而有拐角的位置一般都认为只能摆一组柜子，其实根据空间的大小，做成组合形式的柜体，可充分利用空间，满足衣柜和书柜的双重需求，同时看起来整体而不显凌乱。

8. 镜柜、卫浴柜增强收纳功能

小型的镜柜是卫浴柜收纳的补充，平时一些洗漱用品可以放在镜柜中，拿取时不用弯腰，方便使用。

9. 狭长的厨房也能设计出U形厨柜

一般狭长的厨房都会设计成L形或一字形，这样可以方便烹饪，但如果想要厨房有更多的储物空间，而且平时烹饪大多是一个人，厨房可以设计成U形厨柜，靠近门一侧的橱柜宽度可适当缩短，用来作为备餐区和一些不常用的物品储藏区。

10. 阳台增添洗漱区动作更方便

休闲阳台常会种些花花草草，养护这些绿植自然少不了水的运用。在空间水路改造时可以在休闲阳台设置上下水管，方便打理花草又清洁卫生。

空间挪移，让狭长餐厅多出两间房

户型面积： 117 平方米

设 计 师： 李文彬

户型格局： 玄关、客厅、餐厅兼多功能榻榻米房、次卫、厨房、主卧、衣帽间、主卫、儿童房

客户需求： 1. 提出希望整体带有希腊特色的度假风格。

2. 主卧附近想要一个独立的衣帽间。

3. 希望能有一个多功能的空间，既能给客人居住，也可以当作平时喝茶看书的场所。

4. 喜欢有童趣的休闲阳台，最好可以有秋千架。

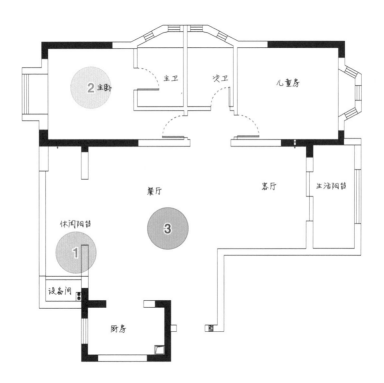

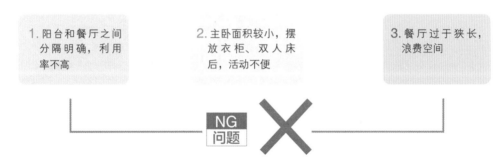

1. 阳台和餐厅之间分隔明确，利用率不高

2. 主卧面积较小，摆放衣柜、双人床后，活动不便

3. 餐厅过于狭长，浪费空间

NG 问题

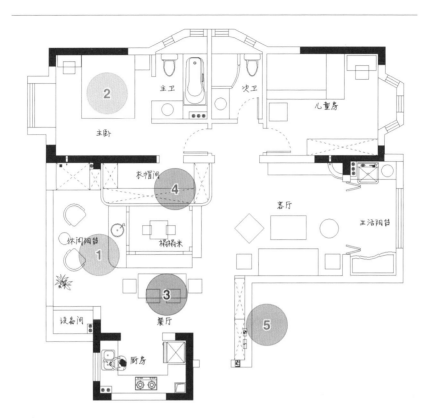

1. 原有的外阳台全部打通，整面的窗户为餐厅提供充足的阳光

2. 主卧室只摆放双人床。主卫去掉门，用软装拉帘作为隔断，节省空间的同时也给卧室带来随性的美感

3. 在餐厅旁边隔出个榻榻米房间，可以作为客房或平时喝茶看书的场所

4. 打通主卧室墙面，开辟出一个独立的衣帽间。满足了女主人的梦想

5. 过道型的玄关采用嵌入式柜体，整体性强，收纳功能也异常强大

OK
破解

设计要点解析

1. 电视旁设置壁炉增加情调

电视旁边设置成壁炉的形式，为地中海风情的客厅增添情调。也可以作为家里猫咪或小型狗的玩乐空间。

2. 白色 + 蓝色成就地中海风格的经典配色

客厅的背景色为白色，与蓝色为主角色的沙发，形成了地中海风格的经典配色。其间黄色、橙色、绿色等点缀色的运用，丰富了空间中的色彩层次。

3. 卡座为餐厅增添储物空间

餐厅并没有设置储物柜，平时餐厅所需的零碎小物件可储存在卡座中。藤竹的座椅与卡座结合使用，为不同人群的就餐带来便利。

4.餐厅隔出独立的榻榻米

餐厅较为狭长，在餐厅后面隔出一个独立的榻榻米。三面打通后视线开敞很多，这里可以喝茶看书发呆，傍晚还能在窗边看到非常美的夕阳，仿佛有种置身于希腊海边的错觉。

5.休闲阳台也能作为储物房

休闲阳台采用亮黄色系的地柜和玻璃门吊柜结合，不仅不会破坏休闲的氛围，而且
靓丽的色彩搭配蓝色的墙面，给人一种希腊的自由感。

6. 半隔断性吧台带来希腊的浪漫格调

斑驳的蓝色做旧木条在顶面依次排列，营造出被海风腐蚀的意境。搭配半隔断的吧台、清新的绿植、曼妙的纱帘，坐在这饮酒、品茶，倍感休闲、浪漫。

7. 开放式主卫更加节省空间

　　主卧空间比较小，所以干脆把里面的卫浴间全部打开，主卧也就小两口，拉上纱帘若隐若现也别有一番情趣。

8. 色彩对比强烈，令厨房的烟火气一扫而尽

　　厨房采用靓丽的蓝色系瓷砖和黄色系厨柜搭配，为烹饪空间带来清爽的感受。

延伸墙面，过道也能充分利用

户型面积： 78.8 平方米

设 计 师： 周晓安

户型格局： 客厅、餐厅、次卧、儿童房、厨房、主卧、卫浴间

客户需求： 1. 提出想多规划出一间卧室。

2. 储物空间尽量多些。

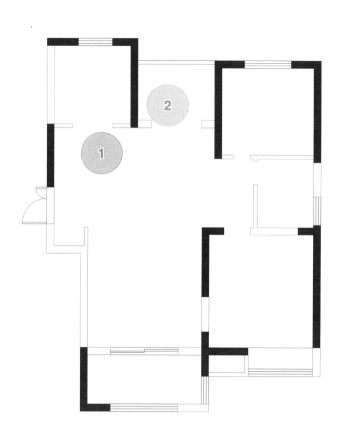

1. 餐厅区域门过多，
不规划好很容易
令行走动线受阻

2. 空间较小难以利用

1.餐厅靠近厨房，
上菜、清洗更加
方便

2.把原本狭小的空间
向前延伸，变成次
卧室，令狭长的餐
厅利用率更高

1. 悬空的平行式鞋柜非常实用

一般内嵌式的鞋柜建议使用平行式鞋柜，底部可放置拖鞋，中间的台面可收纳钥匙、小型的包，还可以布置一些美观的装饰品。

2. 边柜和茶几都具有收纳功能

一般美式的家具可以选择实木带有抽屉的款式，能够彰显出空间的复古气息。而且相对于其他的款式，收纳功能大些。

3. 大面积的白色柜子不会产生压抑感

如果家具色彩较明显，大面积的柜体最好选择白色系，能够很好地和墙面融合，不会和家具的颜色冲突，从而影响空间整体感。

4.花纹壁纸增加餐厅美观度

餐厅的面积不大，因此没有做过多繁复的设计，用色彩靓丽的大花纹壁纸来提升空间的美观度。

5. 百叶式推拉门增加美观度

一般复古的风格都比较喜欢具有造型的平开门，可平开门前面预留的通道要求大于衣柜门扇宽度。而这种推拉门衣柜开门时所需的空间较小，对衣柜前面的通道要求较低。制作成百叶门的形式也能和美式风格相和谐。

6. 组合式榻榻米读书、休憩两不误

抽屉式的地台加上地台上面的衣柜设计，满足了休息和平时衣物的收纳需求。而吊柜和书桌则能作为日常的读书区域。双开门的吊柜可收纳更多的藏书。

7. 抽屉柜和平开门柜结合更好用

抽屉柜配置在切菜区和烹饪区，可以搁置厨房中常用的零碎物品，分隔明确，一目了然。而洗手盆处设置平开门柜体，方便后期维修。

8. 悬吊型浴室柜更防潮

卫浴间虽然做了干湿分离，可地面还是免不了有些水渍。选择悬吊型的浴室柜能够更有效地防潮，增加木质柜体的使用年限。

9. 过道尽头设计尽量简约

过道尽头处一般是视觉中心点，这个位置最好设计得整体、简约些。如果过道空间较大，可放置端景台，用来展示工艺品。如果空间较小，建议以装饰画来代替。

10. 内嵌洗衣机更能节省空间

生活阳台在设计柜子时最好先测量好洗衣机的尺寸，然后为洗衣机预留好空位和上下水管道，洗衣机上面可做台面，这样内嵌式的方式更省空间。

通透型隔断设计，为餐厅注入读书空间

户型面积： 85 平方米

设 计 师： 何亚娟

户型格局： 玄关、客厅、餐厅兼书房、厨房、主卧、次卧、卫浴间

客户需求： 1. 喜欢黑白灰的高冷色调，偏向于理性的几何线条。

2. 想让家里有一个超大的读书区域。

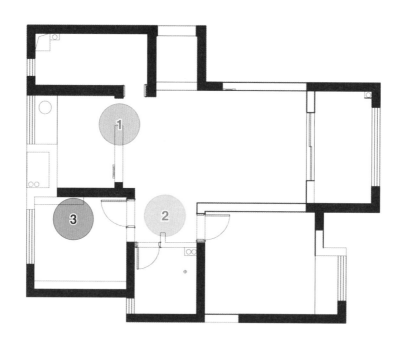

1. 餐厅空间较小，墙体把整个餐厅区域分割得更加零碎

2. 从公共区域就能看到卫浴间的门，影响隐私性和美观性

3. 次卧的墙体不平整，有小面积的凹位

NG
问题

1. 拆除餐厅的部分墙体，把餐厅、书房合二为一，中间以开敞式隔断分隔，令空间整体明亮通畅

2. 在卫浴间过道处以柜体做部分分隔，能够令动静分离，隐私性更佳

3. 拆除部分轻体隔墙，扩大空间的同时，也令卧室更加方正

OK
破解

1. 造型墙 + 内嵌搁架展现多层次美感

　　单独使用石膏板造型墙刷上灰色乳胶漆，会显得平淡无奇，而加入内嵌式的搁架则大有不同，小型的工艺品、书籍和成堆的木条为客厅增添了层次感。

2. 沙发区以简洁为主

　　一个好的设计需要繁简得当，电视背景墙设置了搁架用来展示工艺品和书籍，则对面的沙发区域尽量以简洁、通透为主，这样能够更好地展现出时尚、整洁的北欧格调。

3. 全开敞式书架带来艺术氛围

因业主藏书较多，所以选择分隔明确的全开敞式书架，黑色的柜体与白色的墙面形成强烈的视觉冲击力，摆放整齐的书籍则彰显文化气息。

4. 黑色铁艺与原木是花艺的自然栖息地

到顶的黑色的格子铁艺花架与原木结合，令绿植和小型工艺品有了良好的展示空间，一面墙顿时变得更具活力。

5. 木纹饰面板增加卧室温馨感

卧室背景墙用整面的木纹饰面板来塑造，其温润的材质与空间中的黄色形成良好的呼应，为小空间增加了温馨感。

6. 镜柜是收纳的好帮手

吊柜与镜柜结合作为卫浴间的收纳空间，满足了日常洗漱用品的收纳需求，也令卫浴间整体简洁干净。

7. 异型吊柜令美观和实用性俱全

厨房吊柜尽量在一条水平线上，在角落的烟道处可以用吊柜把烟道包起来，能增加一部分储物功能，同时也会显得空间整齐划一。

靠墙规划收纳区，
小型 LOFT 公寓更有艺术范儿

户型面积： 50 平方米

设 计 师： 袁筱媛、孟羿彣、黄士华

户型格局： 客厅、餐厅、厨房、卧室、卫浴间

客户需求： 1. 屋主希望拥有一个能体现出现代、简约设计理念的居室，注重实用功能。

2. 屋主对于工作区域的要求较高，希望结合工作式的家概念来对居室进行设计。

3. 在不大的居住空间中，需保留住家的基本功能，如厨房、起居、卧室等。

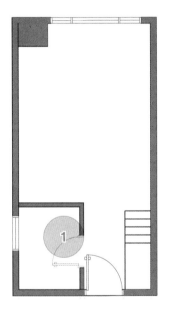
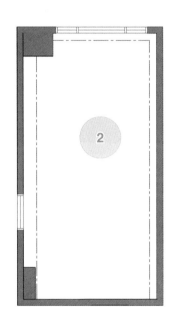

1. 原一楼空间的面积充裕，但空间尖角过多

2. 复式二层的空间没有做任何功能分区，过大的空间如果设计不合理，很容易造成使用率过低的现象

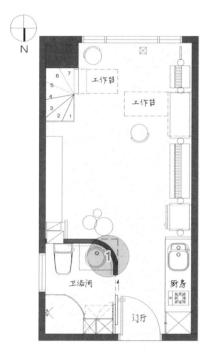

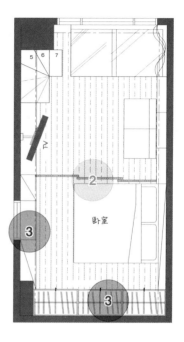

1.将原有方正的卫浴间，调整成一侧为圆弧形的空间，避免了尖角格局的出现，令空间格局看起来更加柔和

2.用一个折叠门来对二层的大空间做分区，一面为卧室，一面为会客厅。合理的分区，令空间的使用率得到提升

3.二层采用靠墙的隐藏式收纳，整面墙的衣柜和展示柜满足了大量的收纳需求，但整体又不显凌乱

OK
破解

1.活动式桌椅令空间更具弹性

工作区的桌椅为活动组合，可依据需求重新摆设，弹性使用；墙面使用了锈蚀黑铁板材料，除利用磁铁作为展示、工作计划用之外，也能体现出都市特征。

2.金属集装箱完成角落收纳

一些造型感强的集装箱可以作为灵活的收纳物件。和落地灯摆在一起，既相互衬托，又能化解一部分收纳压力。

3. 白板墙方便随时涂鸦创作

与工作区结合的餐厅区域，占地面积极小，背景墙用白板做设计，可以方便屋主随时涂鸦；餐厅一边采用吊挂不锈钢书架，不仅具有藏书功能，更是摆设之一。

4. 具有收纳功能的楼梯使空间具有视觉变化

工作区通往二楼的楼梯，设计成堆栈半开放柜的形式，既具有收纳功能，独特的造型也令空间更具视觉变化。

5. 透明玻璃与墙画增添时尚格调

楼梯顶部采用透明的玻璃，能够增加采光，墙面则选择独具意蕴的抽象画，在黑色的线条中寻找艺术的气息。

6. 一字形厨房非常节省空间面积

开放式厨房与玄关结合，保留了空间内部的使用面积。同时，一字形的厨房也是最节省空间的设计手法。

7. 充分利用坐便器上部空间

现在坐便器都设计得相对简约，上面的空间可充分利用起来，以开放式的柜体作为收纳区，非常方便实用。

8. 隐藏式门把手更显整洁

空间设计以都市型家居为诉求，因此柜体外观尽量简约才能体现都市感，隐藏式把手恰好可以彰显简洁、利落的空间特质。

9.楼梯死角也有不经意的美

在楼梯的夹角处设计成小型花艺区，令美感在细节处得以体现。

10. 立体集合式的柜体令空间更加整体

　　二层作为主要的收纳区域，却整洁、干净，其奥秘就是"柜体靠墙、立体化收纳"，衣柜和展示柜均采用白色系，没有多余的设计，看上去和白墙融为一体。

11. 黑板漆材质的折叠门平添居室的趣味性

　　卧室和会客区运用折叠门进行分隔，非常省空间；而折叠门的面材为黑板漆，令屋主可以在此随心所欲地进行涂鸦创作，为居室平添几分趣味性。

重划格局，多功能房变身收纳主力军

户型面积： 38 平方米

设 计 师： 程晖

户型格局： 客厅兼教学室、客卧兼茶室、厨房兼餐厅、主卧、次卧、儿童房、卫浴间

客户需求： 1. 原有的两居室想要改造成四居室，供一家七口人居住。

        2. 希望拥有明亮的家居空间，使小居室看起来不显压抑。

        3. 希望卫浴干湿分离，可以将洗漱区和沐浴区做到很好的区分。

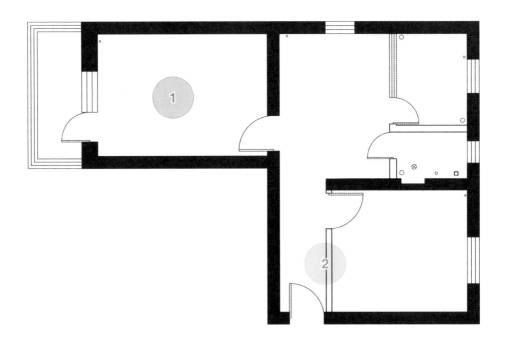

1. 原户型中唯一一处方正且面积相对较大的空间，可以利用这一处空间分隔出两个功能区域，来增加居室的使用功能

2. 原户型的面积本来就很狭小，入门处还有一段狭长的过道，造成了很大的空间浪费，而且还影响居室的采光

NG 问题

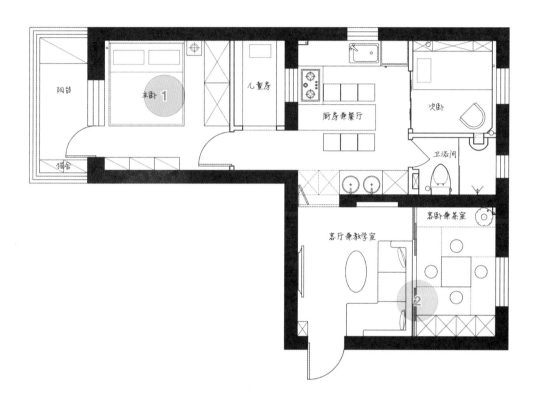

1. 将原有大空间分隔
成主卧和儿童房，增加
了原有居室的使用功
能。同时，主卧依然可
以摆放大衣柜，丝毫不
影响收纳

2. 将原空间入门处的隔墙拆除，
形成了一个较大的空间，重新
划分出客厅和茶室，既避免了
狭长空间，又令居室增加了一
处超大的收纳区

1. 多功能家具非常适用于小户型家居

蓝色的电视背景墙和红色的电视柜形成色彩上的对比，令人眼前一亮。另外，电视柜其实是由五个正方形的小凳子组合而成，多重的使用功能非常适合小户型的居室。

2. 推拉门将大空间分割为两个功能区域

用推拉门将一个大空间平均分割，一半客厅一半茶室，白天开门可为客厅采光，晚上关门便成为一个独立的空间。

3. 组合榻榻米功能多样

原木色的榻榻米让人感受到自然的韵味，平时在这里品茶、聊天别有一番味道。榻榻米旁边的衣柜方便挂长款衣物。台面有自动升降功能，台面下降后就可作为一间独立的卧室使用。

4. 隐藏式家具设计可以大大节省家居空间

次卧表面上看虽然为一个单人床，但是床铺下还设有随时可拉出的简易单人床，空间虽小，却能容纳两人居住，完成业主提出的七口之家的睡眠需求。

5. 欧松板具有装饰性

　　主卧中的电视柜和阳台上的猫舍同样运用欧松板来制作，形成了材质上的统一，独特的花纹纹理还具有一定的装饰性。

6. 沉稳的配色具有镇定精神的作用

　　主卧的背景墙是用 PVC编织地毯切割拼成，增加了空间立体感。因为是两位老人居住，色调以灰白色为主，此配色具有一定的镇定精神及助眠的作用。

7.隐藏式集成灶既干净，又节省空间

　　隐藏式集成灶为厨房节省了不少的空间，而灶台上端的圆形为单向玻璃，在保证隐私的前提下，又为临近的儿童房增加了采光。

8. 干湿分离的卫浴间好用又干净

改造后的卫浴间不仅实现了干湿分离，在视觉上也变大了很多。同时，蓝白配色也令小空间显得通透而明亮。

巧借阳台空间，完败拥挤小卧室

户型面积： 131 平方米

设 计 师： 宋夏

户型格局： 玄关、客厅、餐厅、厨房、次卧1、主卧、主卫、次卧2、次卫

客户需求： 1. 希望拥有一个有爱的、清新的家。

2. 平时衣物比较多，希望在不影响生活质量的同时，多做衣柜。

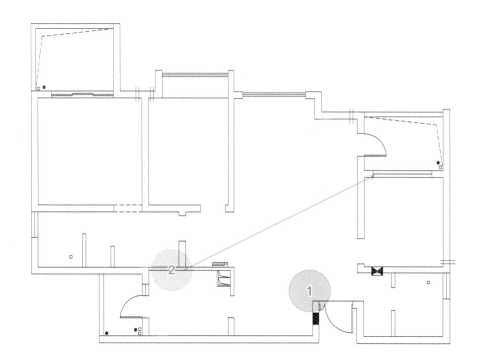

1. 进门处无遮挡，餐厅缺乏隐私性

2. 次卧面积较小，收纳空间不足；休闲阳台利用率较低。

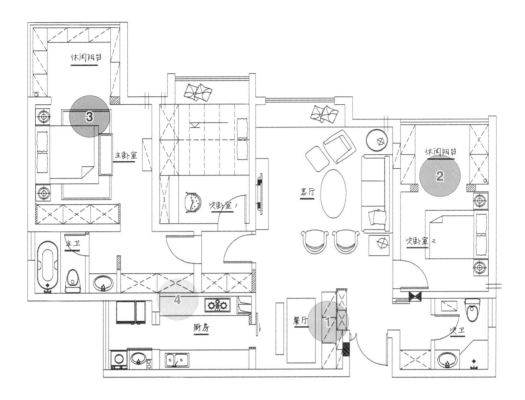

1. 以柜体作为玄关和餐厅的隔断，充分利用面积

2. 过道处设计衣柜，形成一个小型的衣帽间

3. 拆除原来的移门，令视野更开阔

4. 将休闲阳台与次卧之间的墙面拆除，且将阳台的两面侧墙做成衣柜，拓宽卧室的隐形空间

OK
破解

1. 具有收纳功能的电视柜

客厅选择具有收纳功能的电视柜，机顶盒、CD 等用品有了收纳空间。

2. 卡座餐厅独具情调

餐厅面积不大，选择普通的四人餐桌会略显拥挤，设计具有收纳功能的卡座再适合不过了。搭配几个舒适的抱枕，令小空间也能有小资情调。

3. 嵌入式搁架可展示红酒

在卡座背面设计开放式搁架，可展示红酒和工艺品，也可以随手收纳一些餐桌上的零碎物品。

4. 市质推拉门和整体风格相吻合

餐厅和厨房间的面积较小，如果选择普通的门，开门时会影响进餐，设计师特意设计成可推拉的木门，和北欧风格吻合的同时也令进餐更加舒适。

5. 对面式厨柜适合狭长型的厨房使用

厨房属于狭长型，因此选择对面式厨柜，上面做满吊柜，可以满足多方面的收纳需求。

6. 过道和主卧隐藏式衣柜具有强大储物功能

过道和主卧都设计成嵌入式的衣柜，衣柜整体选择白色系，柜门也没有做过多的造型，使柜子的体量感减轻。

7. 半开敞床头柜实用性更强

床头柜选择半开敞式，抽屉处可放置一些小零碎品，而开敞处可存放手机、书籍等用品，这样拿取更加便捷。

8. 卧室空间不够，可向阳台延伸

次卧的空间有限，只能放置一张双人床和两个床头柜，可利用阳台两边靠墙的位置设置衣柜，满足了功能需求。但在安装时要保证旁边的窗户密封性好，柜子背板一定要做防潮处理。

9. 组合式榻榻米改变卧室传统形式

如果有两个次卧，其中一个不妨采用榻榻米设计。带来强大储物功能的同时也令卧室的格局不再千篇一律，为客人带来新鲜感。

10. 地台形式让阳台更具休闲性

　　主卧阳台的四周做成储物型的地台，上面摆放抱枕和坐垫，傍晚时分可供主人休憩，平时也可以存放不常用的物品。

旧物利用，客厅也能静心读书

户型面积： 120 平方米

设 计 师： 周晓安

户型格局： 玄关、客厅、餐厅、厨房、洗衣房、次卧、次卫、主卧、主卫

客户需求： 1. 本案是个二手房，客户要求保留原有的风格和部分家具。

2. 厨房和餐厅的空间能充分利用起来。

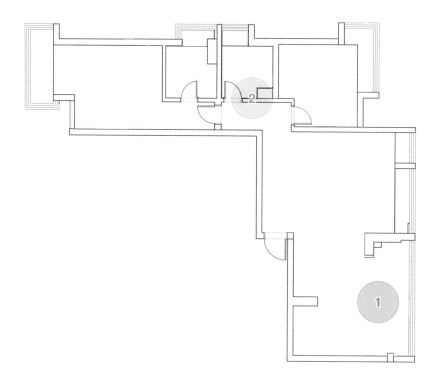

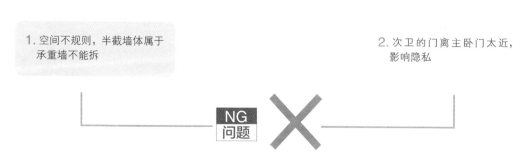

1. 空间不规则，半截墙体属于承重墙不能拆

2. 次卫的门离主卧门太近，影响隐私

NG 问题 ✕

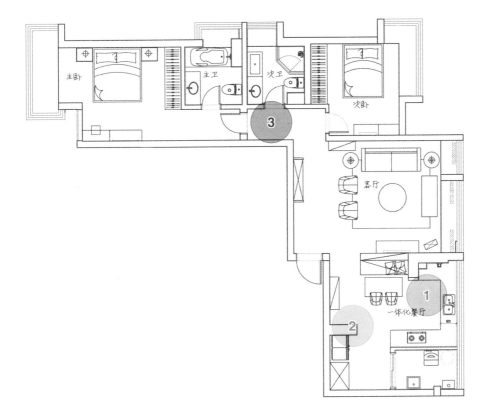

1.设计师把这个不规则的区域设计成了三个功能空间：洗衣房、厨房和餐厅，功能性更强

2.在洗衣房对面有一处是承重墙没办法打掉，设计放置双门冰箱和高柜储物柜，再也不怕没地方放淘来的杯子、碗碟等物品

3.把卫浴间的门移到中间，两边分别设计浴室柜和坐便器，角落处得到很好的利用

1. 到顶鞋柜与原有的鞋柜结合

　　设计师保留了原有的小型鞋柜，在过道中间又增加一个到顶的鞋柜，满足了平时换鞋和过季储存鞋子的双重需求。

2. 沙发旁的书柜具有年代感

　　刺绣的沙发毯和旁边的实木书柜彰显出客厅的复古韵味，加上几个墙面小装饰，令整个空间有了安稳和舒适性。

3. 弧形墙加收纳型电视柜更通透

电视墙的处理其实很简单，做了一个弧形半高墙，这样有利于采光和通透性，结合小型的电视柜，令空间具有家的温暖。

4. 自然系插花为空间带来生机

在餐桌上摆放自然系的插花，再搭配一个透明玻璃瓶，为餐厅空间增加了无限生机。

5. 开放式厨房拓宽面积

开放式厨房的处理，把餐厅和厨房融合在一起，这样有效地利用原有空间，拓宽整个使用面积。而且餐厅设计在厨房的墙角处，直接面向客厅，远离油腻的厨房，令就餐的视角更好。

6. 奶白色做旧家具更有质感

主卧室的原地板没有改动，墙面的墙纸换成偏粉色系，家具选的是奶白色做旧材质，令大型的衣柜和床都具有自然的气息。

7. 砖砌狗狗淋浴区更耐用

次卫业主要求增加了一个狗狗洗澡的地方，设计师采用实体砖外贴瓷砖而成，这样狗狗就有了自己的专属淋浴房，独立分开更加干净。

8. 墙面五金件小巧不占空间

主卫墙面设置了很多挂架，用来收纳毛巾或小型洗漱用品，令卫浴间更具实用性。

阳台茶室，演绎别样日式风

户型面积： 105 平方米

设 计 师： 周留成

户型格局： 客厅、餐厅、茶室、厨房、卫浴间、儿童房、主卧室、客房榻榻米

客户需求： 1. 喜欢具有禅意的日式风格，平时喜欢喝茶，想拥有一个单独的茶室。

2. 藏书较多，想有大面积的书柜。

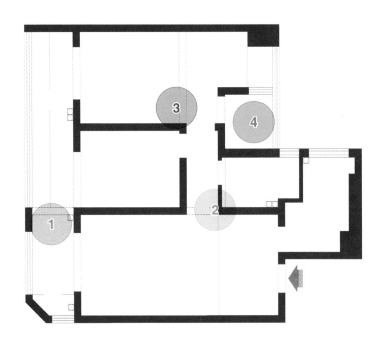

1. 阳台面积很大，但分区不明确

2. 卫浴间形状不规则，而且面积较小，很难进行干湿分离

3. 主卧过道很宽，比较浪费空间

4. 次卧面积过于狭小，不能摆放床和柜子

NG
问题

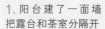

1. 阳台建了一面墙
把露台和茶室分隔开

2. 卫浴间把洗漱台单独分
隔开，淋浴区安排在角
落处，合理利用每一寸
空间

3. 客房和主卧之间
用墙隔开，两侧
设计收纳区

OK
破解

1. 开敞式格子架是藏书的好帮手

沙发背景墙做全开放式的格子收纳架，满足主人藏书的需求。

2.带有柜门的电视柜更方便存放零碎小物件

电视背景墙则设计成简洁大方的款式，一款带有收纳功能的电视柜则可以存放零碎的小物件。

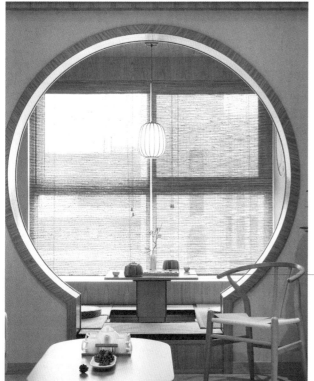

3.月亮门+榻榻米彰显禅意

阳台的设计独具创意，月亮门后面设计成榻榻米的形式，彰显出空间禅意的同时增加了储物功能。

4. 升降台是品茗聊天的必备神器

灵活的升降台是设计师为主人喝茶看书所专门设计的，在洒满阳光的阳台上，约上三五好友，品茗聊天，非常具有趣味性。

5. 地台形式的餐厅是小面积厨房的首选

餐厅设计成了很实用的地台款式，搭配旁边的高柜和全开敞式的格子柜，同时满足主人收纳和展示的需求。

6. 柜门搭配浅色调不会产生压抑感

衣柜选择嵌入式设计，日本浮世绘的推拉门色彩淡雅，不会令居住者产生压抑感。

7. 过道面积不宽敞，尽量搭配小型墙饰

过道的尽头以日式挂画做点缀，搭配木框架墙饰，演绎出主人淡然的心绪。

8. 厨房门口也可作为收纳重头戏

设计师把厨房的门口处的墙面也充分利用起来，内嵌式的电器，半开放式的厨柜都无形中拓展了厨房的收纳面积。

9. L 形厨房使空间利用率更高

长条厨房设计为 L 形，大大提升了空间的利用率；再用木色厨柜来增加空间温暖度。

细化格局，小户型功能更齐全

户型面积： 86 平方米

设 计 师： 鬼鬼

户型格局： 玄关、客厅、餐厅、厨房、儿童房、主卧、卫浴间

客户需求： 1. 喜欢地中海风格。

2. 想有个专门的读书空间。

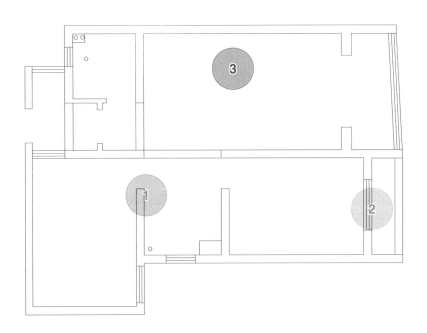

1. 原户型厨房和卧室相连，动静不分离

2. 阳台宽度较窄，加上原有的推拉门，较难利用

3. 客餐厅属于狭长型，还要预留出四面的过道，处理不好很容易浪费空间

NG
问题

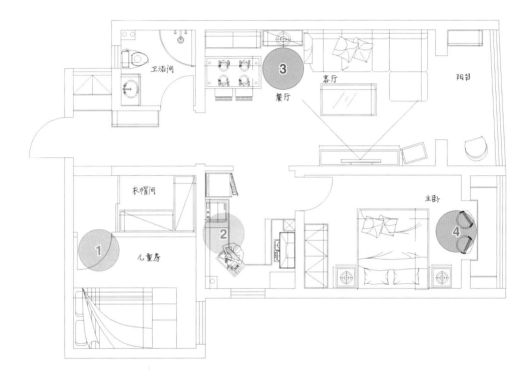

1. 作为儿童房的卧室选择上下床靠墙摆放，门口处则可以规划出一个独立的衣帽间

2. 拉平儿童房和厨房之间的墙面，让两个空间都得到更好利用

3. 餐厅在角落处设计成卡座形式，充分利用了夹角位置

4. 拆除阳台推拉门，定做成开放式的阳台小书房，在主卧也能惬意品读

OK
破解

1. 把玄关处做成深柜，令衣物也能巧收纳

借助玄关墙的形状设计了一处比常规柜体更深的嵌入式玄关柜，极具造型感，也拥有了不可小觑的收纳功能。

2. 玄关凳与挂钩增添舒适性

在过道处设计长条形的换鞋凳和蓝色的挂钩，实用的细节装饰可以让生活更加便利。另外鞋凳底部可放置拖鞋，免去了来回开柜门的困扰。

3. 电视柜可结合置物架装饰

电视墙没有选择使用传统的壁炉样式，而是以带有抽屉的电视柜结合实木置物架装饰，给客厅带来更多变化。

4. 手绘背景墙增加地中海风情

客厅背景墙为手绘墙，清爽的蓝白色为空间注入了无限的地中海风情。

5. 可置物式卡座更节省空间

餐椅的设计选用了可置物式卡座与布艺餐椅的结合，同样是考虑到空间的充分利用以及储纳功能的提升。

6. 儿童房也能规划衣帽间

儿童房选择带有收纳功能的双人床，利用儿童房门口空间做出步入式衣帽间。孩子的玩具、儿童车、衣服都有了收纳的场所。

7. 阳台两侧全部可做储物空间

空间既是卧室又是书房，原来的落地窗被扩建成了双人书桌，设计师把书桌两侧的角落全部做成储纳空间，每一寸空间都得到充分利用。